U0313076

国家高技能人才培训基地系列教材
编　委　会

主　编：叶军峰

编　委：郑红辉　黄丹凤　苏国辉

　　　　唐保良　李娉婷　梁宇滔

　　　　汤伟文　吴丽锋　蒋　婷

本书编委会

主　编：叶军峰

副主编：许恩福　翟惠玲

参　编：梁宇滔　许珺茹　周承杰

　　　　司徒华欣　刘保钢　舒智敏

主　审：刘铭雄

国家高技能人才培训基地系列教材

主编◎叶军峰

副主编◎许恩福　翟惠玲

广彩瓷

GUANGCAICI GONGYI JIFA

工艺技法

暨南大学出版社

JINAN UNIVERSITY PRESS

中国·广州

图书在版编目（CIP）数据

广彩瓷工艺技法/叶军峰主编；许恩福，翟惠玲副主编. —广州：暨南大学出版社，2017.7

（国家高技能人才培训基地系列教材）

ISBN 978 – 7 – 5668 – 2066 – 2

Ⅰ.①广…　Ⅱ.①叶…②许…③翟…　Ⅲ.①陶瓷—彩绘—工艺美术—高等职业教育—教材　Ⅳ.①TQ174.6

中国版本图书馆 CIP 数据核字（2017）第 033229 号

广彩瓷工艺技法

GUANGCAICI GONGYI JIFA

主　编：叶军峰　副主编：许恩福　翟惠玲

出 版 人：徐义雄

责任编辑：柳　煦

责任校对：周海燕

责任印制：汤慧君　周一丹

出版发行：暨南大学出版社（510630）

电　　话：总编室（8620）85221601

　　　　　营销部（8620）85225284　85228291　85228292（邮购）

传　　真：（8620）85221583（办公室）　85223774（营销部）

网　　址：http://www.jnupress.com　http://press.jnu.edu.cn

排　　版：广州尚文数码科技有限公司

印　　刷：深圳市新联美术印刷有限公司

开　　本：787mm×1092mm　1/16

印　　张：6.75

字　　数：152 千

版　　次：2017 年 7 月第 1 版

印　　次：2017 年 7 月第 1 次

定　　价：32.00 元

总　序

　　国家高技能人才培训基地项目，是适应国家、省、市产业升级和结构调整的社会经济转型需要，抓住现代制造业、现代服务业升级和繁荣文化艺术的历史机遇，积极开展社会职业培训和技术服务的一项国家级重点培养技能型人才项目。2014 年，广州市轻工技师学院正式启动国家高技能人才培训基地建设项目，此项目以机电一体化、数控技术应用、旅游与酒店管理、美术设计与制作 4 个重点建设专业为载体，构建完善的高技能人才培训体系，形成规模化培训示范效应，提炼培训基地建设工作经验。

　　教材的编写是高技能人才培训体系建设及开展培训的重点建设内容，本系列教材共 14 本，分别如下：

　　机电类：《电工电子技术》《可编程序控制系统设计师》《可编程序控制器及应用》《传感器、触摸屏与变频器应用》。

　　制造类：《加工中心三轴及多轴加工》《数控车床及车铣复合车削中心加工》《Solid-Works 2014 基础实例教程》《注射模具设计与制造》《机床维护与保养》。

　　商贸类：《初级调酒师》《插花技艺》《客房服务员（中级）》《餐厅服务员（高级）》。

　　艺术类：《广彩瓷工艺技法》。

　　本系列教材由广州市轻工技师学院一批专业水平高、社会培训经验丰富、课程研发能力强的骨干教师负责编写，并邀请企业、行业资深培训专家，院校专家进行专业评审。本系列教材的编写秉承学院"独具匠心"的校训精神，"崇匠务实，立心求真"的办学理念，依托校企合作平台，引入企业先进培训理念，组织骨干教师深入企业实地考察、访谈和调研，多次召开研讨会，对行业高技能人才培养模式、培养目标、职业能力和课程设置进行清晰定位，根据工作任务和工作过程设计学习情境，进行教材内容的编写，实现了培训内容与企业工作任务的对接，满足了高技能人才培养、培训的需求。

　　本系列教材在编写过程中，得到了企业、行业、院校专家的支持和指导，在此，表示衷心的感谢！教材中如有错漏之处，恳请读者指正，以便有机会修订时能进一步完善。

广州市轻工技师学院

国家高技能人才培训基地系列教材编委会

2016 年 10 月

目 录
➤➤ CONTENTS

模块 5　广彩绘制的常用题材

模块 6　广彩人物绘画技法入门

模块 7　绘龙画凤

模块 8　封边斗彩

模块 9　广彩的烧制

模块 10　广彩作品赏析（配图）

广彩概述

▶▶ **要点** ▶▶

了解广彩的发展简史及其特征。

▶▶ **要求** ▶▶

认识广彩的历史背景、发源地、主要功能和市场地位。

广彩，亦称"广东彩""广州彩瓷""广州织金彩瓷"，顾名思义，是在广州地区产生的一种独特的具有浓厚的东方特色的彩瓷工艺品。广彩就是在白瓷胎面绘满色彩斑斓的图案后烧制而成的一种釉上彩瓷，以构图紧密、色彩浓艳、金碧辉煌为特色，正如世人所赞誉的"万缕金丝织白玉，春花飞上银瓷面"，广彩的魅力经久不衰。

任务 **1** 广彩的产生

广彩的生产始于清康熙年间，至今已有三百多年的历史。广彩历史上最重要的产品是外销瓷，即广彩行内指称外商来样加工定制的"客货"。为何主要作为外销瓷的广彩会在广州繁盛起来？根据前人研究的资料，原因如下：

一、广州拥有优良的外贸港口

考古学家们在对广州市中山四路秦代造船遗址的发掘中，发现我们的祖先在两千多年前就能制造载重 25～30 吨的木船。他们从番禺（广州）起航，从珠江口沿着海岸线西行，经现在的广西合浦下东南亚到印度洋沿岸国家。以广州港为起点的这条与世界相接的海上通道，在西汉时便已成为海上"遣使贡献"的通道，各国的贡使、僧徒和海商就是沿着这一海路抵达番禺，跨上中国大陆。此后，我国生产的丝绸远销各国，因此这一通道被称为"海上丝绸之路"。

宋代的陶瓷在当时已批量随船销往各国。中国陶瓷因为美观实用而在世界上大受欢迎，可以使商人们赚取丰厚的利润，也是商船运载丝绸、茶叶这些较轻货物在海上航行时，用作船舱底层压重，保持"食水"深度，稳定船体的最好货物之选。因此，这条海上丝绸之路，逐渐顺应贸易需要，发展成丝绸与陶瓷并举的外销之路。

二、政策条件

明嘉靖元年（1522），因为沿海地区倭寇为患，朝廷废除了浙江宁波和福建泉州两港口的市舶司，关闭了这两个港口，广州就成为当时东南亚、南亚和西方贡使进出中国的唯一口岸，也成为当时贡舶贸易的唯一合法口岸。这也使江西、福建等地的瓷器出口贸易更多地依靠广州港，使广州成为中国重要的瓷器出口港。

随着葡萄牙探险家于明正德九年（1514）到广东沿海开展商贸，西班牙、荷兰、法国、英国等商船也接踵而来。那时，广州的市场上集中了中国最好的货物——茶叶、丝绸、瓷器、漆器、织锦等。由于广州和珠江的地理关系与英国伦敦和泰晤士河有些相似，所以西方的商人们又把广州称为"东方的伦敦"。康熙二十三年（1684）清廷重开海禁，广州成了唯一的外贸港口。第二年，广州设立了由官府特许经营的大规模对外贸易商行——十三行。广彩就是在这期间的天时地利中应运而生。

图1-1 清代制瓷

据蒋祈《陶记》等文献记载，景德镇的瓷器在南宋时已基本垄断全国市场。景德镇所产的青白瓷销路很好，有"江湖川广，器尚青白"之说。在明、清两代，景德镇瓷器通过江西商人、广州商人的收购转运，有很大部分依靠广州港出口欧洲。

朝廷实行一口通商之后，广州逐渐巩固了对外贸易的垄断地位。此后的一段时间，全国的贡舶贸易虽然受到限制，但民间的市舶贸易却从来没有停止过。中国商人根据外商的需求，在内地采购陶瓷和各种商品，通过福建和广东沿海，运往台湾省及马六甲、印度尼西亚的爪哇岛、菲律宾的马尼拉等地，借助这些商埠转口，与当时不能直接进入中国港口的欧洲商舶进行交易。

明嘉靖实行海禁后，至康熙重开海禁的一百多年间，广州这座唯一的外贸港口船舶林立，外商对瓷器的需求量巨大。可想而知，广州商人到景德镇采购瓷器，除了少量的民间需求以外，大量是外销货品。康熙年间重开海禁，更使大量商舶涌到广州，瓷器的需求量更是大增。

三、出于降低成本考虑

景德镇至广州路途遥远，运输破损率很高，成本也很高，致使货品价格昂贵。而且山长水远信息阻隔，也难以按客户的要求做到产品适销对路，有时甚至会因此使货物积压，造成极大损失。而且如果货单是来图样定制的话，景德镇"红店"（当地称专门在素胎上彩绘的作坊）的"写红佬"（绘彩工匠）也很难弄清楚那些五花八门的外文字母和纹章图案的"唛头"（商标），以致经常写错，但是货到广州后已经没办法再改了，因此常有货商退货的事发生。

为了改变这种状况，广州的商人改变了原来在景德镇购买成品的做法，只在景德镇购进价格低廉的素白瓷胎半成品，再把景德镇的"写红佬"请到广州工作和授艺，并在广州城西的关外，即现在的西关地区，开炉烘烧彩瓷。

四、珐琅彩技术传入

18世纪初期，法国"太阳王"路易十四去世，他所统治的强权时代也随之逝去，在此之前盛行的巴洛克艺术所代表的巨大、笨重、呆板、骄矜的风格成了过去时。接着登基的路易十五与他完全相反，奉行的是享乐主义，喜欢的是浪漫、奢侈。因此，洛可可（Rococo）——以岩石和贝壳装饰为其特色，亦代表纤巧、柔美、奢丽的艺术审美风格，开始在法国和欧洲其他地区流行起来。洛可可艺术以艳丽、轻盈、精致、细腻和表面上的感官刺激为追求，在装饰纹样中大量运用花环和花束、弓箭和箭壶以及各种贝壳图案，色彩明快，爱用白色和金色的组合色调，排斥以往那种过于庄严的装饰表现手法。

与这种艺术潮流相契合的，是中国的瓷器和工艺品都带着大量优美的曲线图案，如传统的缠枝花卉纹、如意纹、卷草纹、蕉叶纹、云纹、水波纹或是仕女人物的飘卷衣纹等。曾有西方学者提出，欧洲艺术的"洛可可时代，因承受中国南方的丰富艺术宝库而趋于成熟"。当然，这样的判断不能说是绝对的；但是，以上这些中国南方的丰富的民间艺术符号，呈现了东方艺术特有的精巧、雅丽、柔美的审美风格，成为洛可可艺术吸收应用的元素，的确是事实。这一时期，欧洲在各种装饰设计上，频繁地使用形态多变的曲线和弧线，在丝绸织物、瓷器、漆器、家具以及建筑、绘画等各个方面，婉转、柔和的东方意念和中国风格无处不在。以法国为中心兴起的洛可可艺术时期，是浮华和奢丽之风泛滥的时代，欧洲宫廷里的装饰更加金碧辉煌、五彩缤纷，强调光、色的壁画布满墙壁和天花板，贵族们的衣饰更加华美、烦琐、骄奢，甚至男人也十分注重修饰，头发要扑粉，脚上穿红色高跟鞋。在这样的审美趣味的影响之下，欧洲人也就更喜欢色彩艳丽的彩瓷。

与此同时，珐琅彩于1720年前后传入中国。早在1650年，荷兰莱顿的学者安德烈亚斯·卡修斯首先发现了可以凭借氯化金提炼珐琅红彩，这种红色釉彩后来由耶稣会的传教士们传到北京宫廷，很快成为陶瓷装饰的一种流行色彩，甚至取代了之前已广泛使用的珐琅绿彩（乔克《东方瓷艺与荷兰德尔夫特陶瓷》）。因为进口颜料以及珐琅彩的引进，中国瓷器从青花、釉里红、三彩、粉彩，发展到广州彩瓷以研制珐琅彩和鲜艳的彩料做装饰的阶段。

广州工匠在珐琅彩传入后，就马上掌握了它的配制和使用工艺，成为中国最早掌握这一技艺的能人。根据《清宫内务府造办处档案总汇》记载，宫廷研制珐琅彩就征用了不少广州的珐琅彩艺人，广彩也就顺理成章地成为开发使用这一新彩料的彩瓷品种的基地了。

欧洲人的艺术审美演变，直接影响着广彩的外销市场。为了适应这样的消费需求变化，广州商人在利益的驱动下，逐渐舍弃景德镇的高成本粉彩瓷，只买素胎，在广州开作坊加彩生产彩瓷。在价格优势的作用之下，欧洲的大量订单涌到广州的彩瓷作坊。18世纪的雍正和乾隆年间，广彩逐渐形成了"绚彩华丽"的风格，走上了一个艺术辉煌的时代。

图1-2 广彩瓷器

图 1-3　广彩瓷器

作业

1. 广彩的原生地在哪里?

2. 广彩最初形成的原因是什么?

3. 广彩最早在什么时候形成?

任务 ② 广彩发展的不同阶段与特征

广彩的生产从开始至今，大约经过了六个不同的阶段。

一、创烧阶段

广彩的出现和发展与广州所处的地理位置以及对外贸易情况有关。广州是我国对外贸易的重要出入口岸，康熙二十三年（1684）解除海禁后，外国商船随之增多，外国人由于喜爱中国的瓷器，或在广州订货，或来样加工，因而也促进了广彩的生产和发展。康熙中晚期至雍正早期，应是广彩的初创阶段。那时，制瓷匠师以及彩绘颜料、素瓷等都来自景德镇，或依景德镇彩瓷纹样制作，或来样加工，岁无定样，故广彩的特色还不太明显，国内流传下来的实物很少。

二、形成阶段

大约在乾隆、嘉庆时期，广彩已显现出特有的风格，并得到社会的认可。一些著作中开始出现关于广彩的记述，将它"广窑仿洋瓷烧者，甚绚彩华丽"的基本特征记载下来。这一时期主要使用了广州所制的西洋红、鹤春色、茄色、粉绿等，有了这几种彩料，广彩像换了新装一样，更加多姿多彩了。在绘画方面，除参考传统绘画外，还仿照西洋画法，或来样加工，时间长了就形成了广彩特有的风格。

三、繁盛阶段

到清代后期的道光至光绪时期，广彩工艺达到了最为鼎盛的阶段。它既吸收了传统的工艺，也吸收了欧美的艺术精华，完全形成了自己独特的风格。其特点是绚彩华丽、金碧辉煌、热烈清新、构图丰满、繁而不乱，是一种万缕金织就白玉的"织金彩瓷"。这时的颜料已从初期的几种增加到十几种，使彩绘更加丰富艳丽。

在装饰花式设计方面，为适应西方人对于瓷器花纹和造型的喜好，广彩艺人遂将程式化的纹样应用在各种器形上，改初期的"岁无定样"为批量生产，更使零碎、分散、单独的纹样联合起来，成为连续的图案或完整的构图。

四、文人画家的参与和创新阶段

到了清代末期至民国初年，由于一些知识分子和画家的参与，广彩绘画有了创新之作，出现了新彩绘组织，如"广东博物商会""羊城芳村化观瓷画室"等铭款，都有实物传世。广东博物商会是清末知名画家、岭南画派创始人高剑父和陈树人等创办的。他们先是在广州珠江南岸宝岗附近宝贤大街的一间旧式大屋里开设绘画和彩瓷艺术室，后又合股建立了广东博物商会，一边从事彩瓷的研究和生产，一边在博物商会烧窑处制造炸弹，支持革命。这些文人画家当时肯定绘制了不少广彩瓷器，可惜多已外销，留下来的很少。

五、新中国成立后广彩的大发展阶段

民国时期，政治腐败，特别是第二次世界大战期间，由于日本帝国主义的入侵，社会动荡不安，民不聊生，不少广彩艺人流落香港、澳门，广彩生产已奄奄一息，产品甚少。新中国成立后，人民政府把从港澳回穗参加祖国建设的广彩技术人员和内地的技术人员共60余人组织起来，成立了"广彩加工场"，后又改为"广州织金彩瓷工艺厂"。初期生产仍以传统花样为主，产品全部出口外销。自1957年开始，以原有艺人为骨干，每年培训艺徒30~60人，三十多年来共培养了1 000多名广彩技术人员，为广彩的大发展铺平了道路。20世纪70年代开始，随着广州织金彩瓷工艺厂管理机构的不断完善，工人技术队伍不断扩大，产品质量也逐步得到提高，品种增多，创新产品每年在400种以上；内容题材也打破了传统的局限，既有神话传说、历史人物、山水、花果等传统图案，又增加了新内容、新风格，有表现名胜风景的，也有现代戏曲人物题材的创作。

六、改革开放后广彩的创新阶段

为提高创作效果，艺人们还打破了传统水粉彩绘的局限，运用水、油料相结合的新工艺，如以水料描线、油料渲染，绘制层次丰富的牡丹、红锦、人物的衣服、云烟雨雾等；利用水料的特性绘出刚劲、柔美、古朴的山峰岩泉、衣纹石树。两者结合，创作效果比以前更完美，使广彩彩绘技艺提高到一个新阶段。1985年，广州织金彩瓷工艺厂与广东省博物馆联合举办了"广州织金彩瓷三百年名瓷展览"，展出广彩新成果，得到各界好评，并收到国外的大量订单。此时的广彩瓷在继承传统的同时，向多元化发展，出现了多重性装饰，采用色上色、色上描金、堆彩、堆金、多种色地描花等新技法，如艳黑地描金衬斗方花鸟、海蓝色面描金、博古图案、红麻描金九龙、精巧别致的百鸟朝凤、12米长壁画拼瓷装饰等，都是创新品种。颜料方面，在传统广彩颜料的基础上，又创制了厚粉颜料、堆金颜料等，既有广彩厚彩，亦有粉彩厚彩等品种。在百花齐放的彩瓷创作中，还出现了追求个人风格的高档彩瓷作品。一些艺术技师以其高超技艺独自创作，自行调色，有的将传统装饰加以改进，去繁就简，使器形构图更富于变化，精致细密而又富有层次；有的将岭南绘画艺术与彩瓷技艺结合，将岭南瓷画艺术发扬光大，创出另一风格的彩瓷纹样与绘画完美结合的品种（如图1-4）。

图1-4 广彩瓷器

20世纪90年代，改革开放的春风吹遍南粤大地，新的彩瓷工艺在广东省内遍地开花，国营、集体、私营、合资、外资等各种体制的厂家相继建立，群雄竞逐，彩瓷事业空前繁荣。其时市场也在不断扩大，广彩不但外销，也销于国内；外销的不仅销往欧美，也销往东南亚和非洲等广大地区。在众多厂家竞争的过程中，广彩的制作技艺也在不断提高，但要避免恶性竞争。厂家应不断提高质量和技术，继续谱写出广彩历史的新篇章，使广彩这朵绮丽的花朵开得更加灿烂。

>> 作业 >>>

广彩发展的阶段有几个？分别是什么？

任务 ③　广彩的制作

由于早期广彩皆为外商来样定制，一般没有同花式的批量生产，基本上是忠于来样进行加工，也就没有出现流水线式的分工操作。如果送来的是定稿的设计图样，就把画样沿线条刺出小孔，把样纸盖在白瓷面上，用炭粉在纸上轻磨，瓷面上留下图案轮廓，把线描正后再上彩。如果送来的是实物图样，就要先行摹制瓷胎，还要按不同规格的器形处理图纹，再按以上程序来绘彩。清至民国时期的广彩生产大致有以下步骤：

一、精选白瓷胎

图1-5　素白瓷胎

广彩作为特有的釉上彩瓷手工艺品，对素白瓷胎要求较高，只有以洁白如玉的细白瓷胎作衬托，加彩后才能显示出"万缕金丝织白玉"的广彩风貌。因此，广彩的瓷胎一般都是从瓷都景德镇运来的品质较好者，且彩绘前还要细心洗去污垢。

二、设计

设计是手工艺品的一个关键步骤，一般是由艺人中技术较高者负责。设计时须根据瓷胎的样式或外商的要求进行。他们凭着经验和高超的技艺，直接在白瓷上描画自己构思好的腹稿，再经过烘烧制成样板产品。艺人创作的第一件新样板产品能得到双倍工价，如果样板受欢迎，有客商订货，能批量生产，创作者可以有优先生产权；如果订货批量较大，创作者不能按时完成，可以由他选择可信的、有能力的艺人或作坊参与生产。这是行会的规定。这一规定使产品质量得以保证，也保护了艺人的创作权益和创作积极性，使新花色、新品种不断涌现。

三、描线

行内将描线称为"上手"工序，就是在白胎上用瓷黑勾上图样（如图 1-6、图 1-7）。"上手"也分花卉、人物、办口等不同的专长。"办口"是专指山水、野兽、飞鸟、鱼等图样的绘画。

图 1-6　文君听琴

图 1-7　金陵十二钗（部分）

四、填色

行内将填色称为"下手"工序，就是把已描好图样线条的产品，填上各种其所需的颜色。这道工序对技术的要求不高，大多是由艺人家属去做，或由新入行的艺徒承担。

五、织（积）填

织（积）填也叫织（积）金填绿，就是把已填好主要图案颜色的半成品，在需要"金地"的地方填上乳金，烫（填）上大绿。织金是广彩工艺中的一大特色。清嘉庆、道光年间，把中国锦缎纹样用于彩瓷图案"地"的装饰，称为织地，后发展为用乳金作地色，创出了织金地。织（积）金多由"揽首"或其家人、亲信进行，因为过去使用的乳金是成色很高的黄金；填绿（行内也有称为"熨绿"）则由技艺较高的工人去做。广彩使用绿色较多，如绿白菜、绿云龙、绿八宝、绿散花果等，要大面积填绿，就要上彩均匀。因此这道工序是很重要的，出差错便会成为次品。

六、封边斗彩（金）

这里的"斗"字含拼合完整之意。以前的广彩瓷中有不少是通花器皿，如通边碟、花篮果盘、葡萄花插等。彩成后，要在浮雕或通花上再加颜色和金线花纹，这样的描绘形式称为"斗彩"；在每件器皿的边缘涂上干大红或乳金，称为"封边"。这是彩绘的最后一道工序。当然，工人除了完成封边斗彩外，还要对产品进行全面的检查，对颜色脱落的地方进行补色、描线，确保无疏漏后再送到炉房烘烧。

七、烧制

这道工序也叫"炉房"或烘彩，将封边后的彩坯入炉，炉烧木炭。过去，广彩烧制有专门的炉房，炉房所张贴的对联是"绘工超景德，彩色耀南天"。炉房内设神位，神位上额书"炉头风火六纛大王"。当时，烤花烘炉的建造技术和彩瓷的烧制技术都是秘密，不轻易泄露。建烘炉的费用也很昂贵，一般作坊是难以建造炉房的。因此，为各个加彩作坊服务的专业化的炉房出现了。作坊把半成品送去烘烧，按尺寸和数量收费。当时的烘炉容积较大，炉的直径是五尺七寸六分，一次能烘烧二十多担瓷器。这是广彩生产的最后一道工序，也是很关键的一步，特别是炉火的温度掌控尤为重要，炉温适当、均衡则产品色彩艳丽、明亮，否则会发乌不鲜，且容易变色。炉温一般要控制在800℃左右。

八、质检

质检即挑出不合格产品，把跳落在白瓷面上的彩点用酸液洗去。一件广彩，如果某个环节没跟上，质量会大受影响。

▶▶ 作业 ▶▶

1. 广彩制作有几个步骤？
2. 这几个步骤的主要功能各是什么？

绘制工具的准备和陶瓷坯胎的选择

▶▶ 要点 ▶▶

认识常用的广彩工具、颜料、基础材质（陶瓷坯胎），熟练掌握常用工具的使用。

任务 ❶ 认识工具

一、工具箱

图 2-1　工具箱

广彩的工具箱具有特殊的功能：

（1）装载画笔和颜料。

（2）将工具箱的滑动盖板作为枕手介质，以隔开绘制时手部不能触碰的画面局部（传统的广彩艺人会把工具箱称作"枕箱"）。

（3）在工具箱平放的状态下，每个箱子的一个直角边通常会有一至两个切入的缺口，这是广彩绘制特殊的技术难点，广彩艺人会利用这个缺口与滑动的盖板相配合，用于绘制各式圆形图案以及收边（广彩艺人通常把这个技术叫做"车线"或"车边"）（如图 2 –2）。

图 2 –2　工具箱缺口

二、笔

选笔技巧：将笔毛打散，笔毛呈整条状且排列整齐，则是质量较好的笔。

图 2 –3　笔

（1）勾线笔：中国工笔画常用的类别，基本上是用中锋勾勒细而匀的线条。勾线多用笔挺拔、富有弹性，故多选用狼毫这类细而尖的笔。常用于勾画线条的笔有：衣纹笔、红毛笔、叶筋笔、点梅笔、羽筋笔、拖线笔等。

（2）上色笔：多使用吸水量较多的，如大白云、中白云、小白云和其他软毛羊毫。选择毛笔一般以"平圆""尖健"为佳。笔用完后要洗干净，整平、整圆，保养好。

三、特有工具

（1）圆规。

（2）隔板。

（3）规尺。

（4）转轴台架。

（5）转盘。

（6）火枪。

（7）颜料盖盅。

（8）点金碟。

图 2 - 4　圆规

图 2 - 5　隔板

图 2 - 6　规尺

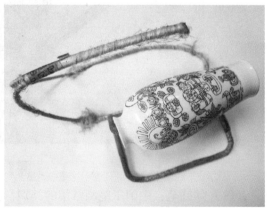

图 2 - 7　转轴台架

图 2-8　转盘

图 2-9　火枪

图 2-10　颜料盖盅

图 2-11　点金碟

任务 ② 陶瓷坯胎的选择

广彩作为特有的釉上彩瓷手工艺产品，对素白瓷胎要求较高，只有以洁白如玉的细白瓷胎作衬托，加彩后才能显示出"万缕金丝织白玉"的广彩风貌。因此，广彩的瓷胎一般都是从瓷都景德镇运来的品质较好者，且彩绘前还要细心洗去污垢。

图 2-12　素白瓷胎

》》**作业** 》》

　1. 广彩绘制所需的工具箱具有什么功能？

　2. 广彩绘制的工具有几种？其功能与用途分别是什么？

　3. 广彩通常绘制在什么介质上？这种介质主要产地是哪里？

广彩的颜色与应用

认识广彩颜料的属性与特点，正确分辨广彩颜料的颜色与类别，掌握广彩颜料的研磨与保存。

广彩属于釉上彩瓷，国外称其为 Cantonese Porcelain。釉上彩瓷是在烧好的白瓷表面进行彩绘而成。康熙年间，法国传教士带来了铜胎和珐琅颜色，在宫中制作铜胎珐琅供应皇宫使用。丰富多彩的珐琅颜色，对广彩颜色的发展影响深远。广彩颜色是在传统釉上彩瓷的五彩基础上，增添了珐琅颜色。现在广彩颜色常用的有 18 种以上。

釉上彩瓷的填色如同中国画的敷色，是在高温烧成的白色瓷器上用瓷黑描绘出图案轮廓，再按照画面设计填上相应的颜色。广彩填色颜料色彩繁多，它是釉上彩瓷中色彩最为丰富的装饰工艺，除了传统的五彩装饰外，还有传统的五彩所没有的色彩，且其色彩的特性也不尽相同。广彩颜色是采用化学物质钴、金、铜、铁、锡、锑等金属元素，与溶剂、铅粉、晶粒相配制后精细加工而成。广彩颜色非常丰富，也可以根据操作者的需求，配制成许多中间色彩。

广彩颜色烧制前与烧制后的呈色不尽相同，因此只有先试烧各种广彩颜色，掌握各种广彩颜色的变化和性能，才能做到心中有数。广彩颜色有透明和不透明，以及作为填色与洗染颜色等区别。

任务 ① 认识颜色性能及使用知识

一、常用颜色性能及使用知识

（1）名称：大红。

使用知识：能水调、油调，能分明暗。

厚度要求：中偏薄。（如图 3 – 2）

图 3 - 1　常用颜色

图 3 - 2　大红

（2）名称：代赭。

使用知识：能水调、油调。

厚度要求：中。（如图 3 - 3）

图 3 - 3　代赭

（3）名称：麻色。

使用知识：能水调、油调。

厚度要求：中。（如图 3 - 4）

图 3 - 4　麻色

（4）名称：西红。

使用知识：水调、油调均可，能洗面、写面。

厚度要求：中偏薄。（如图 3 − 5）

图 3 − 5　西红

（5）名称：宝石红。

使用知识：比西红深，水调、油调均可，写面。

厚度要求：中偏薄。

（6）名称：粉红。

使用知识：水调、油调均可，适宜平涂。

厚度要求：中偏厚。

（7）名称：双黄。

使用知识：水调、油调均可，适宜平涂。

厚度要求：中偏厚。（如图 3 − 6）

图 3 - 6　双黄

（8）名称：金鱼茄。

使用知识：水调、油调均可，适用于洗面。

厚度要求：中。（如图 3 - 7）

图 3 - 7　金鱼茄

（9）名称：水青。

使用知识：呈色淡雅，作填色用。

厚度要求：中。（如图3－8）

图3－8　水青

（10）名称：钳青。

使用知识：呈色深，一般用于写面。

厚度要求：薄。（如图3－9）

图3－9　钳青

（11）名称：海碧。

使用知识：一般用于平涂、积地色等。

厚度要求：中偏薄。

（12）名称：粉青。

使用知识：适宜平涂及写面底色。

厚度要求：中偏厚。（如图 3 – 10）

图 3 – 10 粉青

（13）名称：大绿。

使用知识：呈翠绿色，填绿叶，水分要足。

厚度要求：中。

（14）名称：深二绿。

使用知识：偏黄绿色，用于平涂、洗面。

厚度要求：中偏薄。

（15）名称：粉绿。

使用知识：适宜平涂及写面底色。

厚度要求：中偏厚。

（16）名称：水绿。

使用知识：填石头和填水色使用。

厚度要求：中。

（17）名称：二绿。

使用知识：填叶要中，填斗鸡地要薄。

厚度要求：中。

（18）名称：苦绿。

使用知识：多作写面及点面用。

厚度要求：中。

（19）名称：鹤春。

使用知识：用作平涂及写面底色。

厚度要求：中偏厚。

（20）名称：牙白。

使用知识：作底色用，适宜薄，与亮黑、黄同时用则易变色。

厚度要求：中偏薄。

（21）名称：亮黑。

使用知识：可作填色或描线用，能深能浅，水调、油调均可。

厚度要求：中偏薄。

（22）名称：瓷黑。

使用知识：描线用，不盖颜色时容易脱落。

厚度要求：中。（如图 3 - 11）

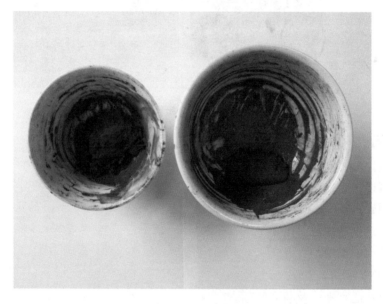

图 3 - 11　瓷黑

（23）名称：干大红。

使用知识：用作开相头描线。

厚度要求：薄。

（24）名称：黄金水。

使用知识：未烧前呈咖啡色，敏感，易被其他颜色及杂质破坏呈色。

厚度要求：根据黄金水浓度比例调。（如图 3 - 12）

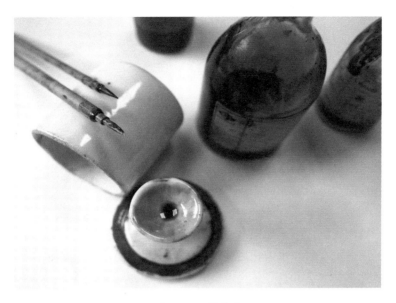

图 3 – 12　黄金水

二、研磨颜色的配料性能及使用知识

图 3 – 13　研磨颜色的配料

（1）名称：老乳香油。

配料性能：乳香、松香制成，黏度较大。

使用知识：用于油彩开料，过多会影响颜色呈色。

（2）名称：嫩乳香油。

配料性能：乳香制成，黏度比老乳香油小。

使用知识：可与老乳香油配合，用于油彩开料。

（3）名称：樟脑油。

配料性能：樟木提炼，黏度很小。

使用知识：用作油彩调料，有稀释作用，易挥发。

（4）名称：松节油。

配料性能：松木提炼，黏度比樟脑油稍大。

使用知识：性质与樟脑油相同。

（5）名称：桃胶。

配料性能：植物胶液，用于加强水彩黏度。

使用知识：用适量常温净水溶化后使用，调色使用时要适量，多则引起颜色卷缩。

（6）名称：牛胶。

配料性能：动物胶黏剂，性质与桃胶相同，多用于开干大红用。

使用知识：用适量常温净水溶化后使用，调色使用时要适量，多则引起颜色卷缩。

任务 ② 掌握广彩颜色的研磨方法

一、水彩颜料的研磨

广彩所使用的水彩颜料要先放在乳钵或碗里进行加工，方能正常使用。其方法是，先用研磨棒在碗里研磨一小时以上，其间加入少量清水；研磨时间越久，效果越好。广彩颜色研磨的过程中，适量加入一些桃胶液，使用时效果更佳，还可以调整颜色的"墩"或"流"。

水彩颜料研磨成泥状物后，用竹制的颜色铲将颜色物料堆在一角呈堤坝状，在堤坝状的颜料外侧注入清水，一可保持颜色的湿润，二可方便蘸水调和颜色的浓度。然后，根据画面的色彩搭配，把颜色填在瓷器的纹饰上。

1. 技术要点

水彩颜料的水量要求适当。水分过少则浓稠，在填颜色时不容易平滑均匀；相反，水分过多则稀淡，填颜色时容易流动而没有厚度，水和颜色极易分离，产生一道道流水的痕迹。

2. 填色前的注意事项

用棉花球蘸上稀淡的牙白水，在瓷器表面轻轻涂抹一遍，去除表面的灰尘和油脂，方便填色时得心应手。有时在操作过程中，遇到部分地方颜色不易填上或者外溢，可以用点烟的喷火枪烧烤该处，便可以顺利填色。

图 3-14　水彩颜料的研磨

二、油彩颜料的研磨

原理和方法与水彩相近。在光滑平整的玻璃板上，使用油画刀压平粉碎颜料颗粒。初次研磨时，加入适量的乳香油，使颜色的黏度加强；将近研磨完成时或颜色干结再研磨时，适量加入樟脑油稀释，最后放入颜色层盒待用。

用玻璃板研磨的方法，适合少量的颜色，如需研磨较多颜色，可使用研磨棒在碗里研磨的方法。

任务 ③ 颜色的搭配与应用

广彩素以色彩富丽著称，换言之，艳丽的色彩装饰是广彩的一个显著特色。广彩作品多数使用喜庆热闹的题材，因此，色彩搭配以暖色为主、冷色为辅，作品普遍以大红、西红、双黄、大绿为主色调。旧广彩也有只用双黄、大绿、茄色的素三彩作品，不用大红等暖色调，作品用于祭奠摆设。因此，继承传统金碧辉煌的特色及研究和掌握它的规律是必不可少的，现就有关视觉美感欣赏方面的色彩基础知识做简要论述。

一、色的三要素（三属性）

1. 色相（又叫波长）

色相就是色彩的相貌，通常以色彩的名称来体现，如红、黄、蓝、绿、紫等。在彩瓷行业中，色彩的相貌尤其为人们所注意。大概是因为历史条件和化学条件的限制，时至今日，不少彩瓷颜色仍不能随意与其他种类的彩瓷颜色混调；再就是大批量定型产品的生产促使颜色的定型施工，不允许颜色杂乱。彩瓷颜色的名称又大多与产地、性质、品类、相貌等联系在一起，以示区别。如红色的西红、西赤，表示当时颜料的出产地；蓝色的水青、黄色的双黄表示颜色的相貌。

2. 明度（又称辉度、光度）

明度指色彩明暗、深浅的程度。在彩瓷颜料中，牙白色明度最高，亮黑色明度最低。在各种色彩中，黄色明度较高，水青、金鱼茄明度较低。总之，亮的颜色明度高，暗的颜色明度低。

3. 彩度（又叫纯度、饱和度、知觉度）

彩度即色彩的纯度。通常以某彩色的同名纯色所占的比例，来分辨彩度的高低，纯色比例高为彩度高，纯色比例低为彩度低，如宝石红彩度高于粉红，大红彩度高于麻红。

彩瓷用的颜色与一般绘画用的颜色在本质上有所不同，它是矿物质的化工产品，需要在一定温度的煅烧下才能呈现颜色。一般而论，彩瓷的颜色比绘画颜色在彩度上逊色一点，另外，由于彩瓷颜料是由化学材料配成，性质不同的化学物质混合后在高温作用下的变化不同，有些颜色是不能像绘画颜料那样随意调和的。如在绘画颜料中，红色与黄色的调和是橙色，但在彩瓷颜料中，红（含氧化铁）与黄（含氧化锡或铬）的调和，在一定的温度下，铬或锡的溶剂可以把铁熔融，因而呈现不出橙黄的颜色来。在这方面，亟待专业颜料制作部门进一步研究和改进。但是我们亦不能因此而轻视色彩学的研究，因为只有通过对色彩学的研究，我们才可以深刻地理解和掌握不同的色彩。

二、三原色、间色、复色

1. 三原色

颜料的三原色是红、黄、蓝，也叫第一次色。

图 3 - 15　三原色

2. 间色

在颜料的三原色中，任何两个原色相加所成的颜色叫间色，如黄＋蓝＝绿、红＋黄＝橙、蓝＋红＝紫，又叫第二次色。

图 3－16　间色

3. 复色

复色又叫第三次色，是由两个间色或一个黑色加黑浊色混合而成，如橙＋绿＝黄灰色。

图 3－17　复色

三、色的知觉与感情

1. 同时对比

同时对比指在同一时空内，几种颜色并置在一起相互影响，在色相、明度、彩度方面产生的异样现象，广彩常见的大面积"色地"就是用这种方法来处理的。以多种不同颜色的色线、色点或色面，勾勒在统一的底色（锦地）上，使人感觉色彩既统一又有变化，做工精致，色彩丰富而不疏乱。此法使用得当，有时还可以得到异常神奇的效果。

2. 色相对比

色相对比指色与色之间在视觉上所产生的影响。在三原色中，其中一个原色与其他两个原色调成的间色并置时会产生强烈的对比效果，如红与绿对比，红的更红，绿的更绿；蓝与橙对比，蓝的更蓝，橙的更橙；黄与紫对比，黄的更黄，紫的更紫。橙色在红底上会变得偏黄，而在黄底上却变得偏红；绿色在蓝底上会变得偏黄，在黄底上又变得偏蓝；紫色在红底上会偏蓝，在蓝底上又会偏红。由此可见，同一种颜色，与不同的颜色搭配就会取得不同的效果。同一个图案和造型结构的半成品，由于设色的不同，产品就会产生截然不同的最后效果。

3. 明度对比

明度对比得好，画面的物象就清晰明确，相反则模糊不清，因此注重色相对比的同时，我们更要注意色彩明度的对比。色彩明度的对比是相对而言的，如在黑纸和白纸上放同样的灰色块，白纸上灰色显深，而黑纸上灰色显亮。

4. 彩度对比

研究色彩的彩度对比，有利于突出色彩和合理地掌握画面的最后效果。它与明度对比一样亦是相对的，如把灰色块分别放在红纸和绿纸上，则红纸上的灰块带绿味，绿纸上的灰块带红味；如果黄与紫并置，就会显得黄的更黄，紫的更紫。

5. 继续对比

继续对比指先看一会儿一色，再看另一色所形成的对比现象，如先看一会儿红色，再看黄色，黄色就增添了红色的补色——绿色，而成了带绿色的黄色了。

6. 色的对比

广彩传统花式尤其注意这方面，如一幅画面的颜色的细绘，必须充分地考虑色相、明度、彩度三因素相互之间的变化以及各因素自身的变化。正是由于种种不同的变化，使画面产生不同的最后效果。一般而论，一幅画面颜色的填彩安排不可能只有一种颜色（色相），因为只有一种颜色的安排既不能明确地分辨画面各物象，也显得单调。既然画面上的色彩安排不使用单一的一种颜色表现，那么在众多的颜色中它们的明度和彩度就不能都一样无变化。明度无变化则平淡无节奏且板滞，彩度无变化则色无主次不醒目。如传统花卉画面的中央是一朵明度较亮、彩度较弱、色相较暖的桃红色的玫瑰花，花的周围则衬以明度较暗、彩度较强、色相较冷的绿叶，在叶的外面又配以明度和彩度都较强、色相较暖的蔬果、蝴蝶和花鸟，最后又以绿叶相衬，整个画面色彩艳丽，组成一首活跃而富于变化的交响曲。这效果的来由完全有赖于颜色的色相、明度、彩度三者之间合理的变化。

7. 色的膨胀与收缩

明度起巨大的作用，将等大的色块，分别放置在黑白底上，则会发现，黑底的白色块显得比白底的黑色块要大。

8. 色彩的感情

来自各人对生活、自然的不同感受和联想。但有些感情许多人都是近似的，如冷感（蓝色系）、暖感（红橙黄等），轻感（淡色）、重感（深色）等。绿与紫为中性色。

四、图案的配色法

1. 同种色配合

同种色配合指色相相同、明度不同的色的配合，如绿、深绿、粉绿的配合，其特点是色调统一和谐，但容易单调。

2．类似色配合

类似色配合指含有同一色相的颜色的配合，如蓝、蓝紫等，特点是色调统一和谐，但容易单调。

3．对比色配合

对比色配合指与不含有共同色相的色的配合，如红与黄、黄与绿、绿与青等色的配合。凡与色轮中相对的色相配合都称为补色配合（最强烈的对比配合），如红与绿、橙与青。红与补色以外的对比色配合，称次对比色配合。对比色的特点一般表现为鲜明、强烈，但处理不当则容易杂乱。

五、配色规律——对比与调和，层次与主调

1．同种色、类似色配合的对比与调和

应该注意明度的适当对比。要防止明度太近的色配合在一起所导致的画面模糊一片；亦要防止在需要柔和的场合下作近于黑白的强烈对比，减弱了柔和感。

2．对比色配合中的对比与调和

需要强烈对比的地方，可以用补色配合法；不需要强烈对比的地方，可以用对比色减弱刺激度的方法处理。如以红与绿为例：①改变一方的明度与彩度；②改变双方的明度与彩度；③改变双方的面积（一方多，一方少）；④双方加入共同颜色；⑤互混；⑥双方明彩度渐变排列；⑦一方混入另一方中；⑧共同加灰；⑨以黑或白勾边；⑩以金勾边；⑪以灰勾边。

3．层次

底色、底纹、浮纹之间，色的明度高低不同，便会形成不同层次的效果。层次大体上可以分为三种情况：①亮底上配深灰纹样；②深底上放灰亮纹样；③灰底上放亮/暗色纹样。

4．主调

所谓"五采彰施，必有主色"，这主色就是主色调的基础。画面上的红多就是红色调、暖色调，蓝多就是蓝色调、冷色调。此外，还有明色调、暗色调、灰色调等。有了色调，画面才易统一。

⯈⯈ **作业** ⯈⯈

1．广彩颜色分几种？

2．广彩常见颜色的用途与特征是什么？

3．广彩颜料的属性分几种？如何根据不同的需要使用不同属性的颜料？

4．广彩颜料的工具有哪些？

5．研磨颜料的工序如何排列？

6．如何鉴别广彩颜料的优劣？

7. 广彩常用的颜色搭配与色调有哪些？

8. 颜色三要素是哪三要素？

9. 什么是三原色、间色、复色？

10. 颜色的知觉与感情包括哪些类别？

11. 图案的配色方法有几种？分别叫什么？

12. 广彩常用的配色规律有哪些？主要特点是什么？

广彩的基本绘画技法

要点 ▶▶▶

1. 了解绘制广彩的步骤。
2. 认识广彩主题画面常用构图与图案。
3. 了解绘制广彩的流程。

难点 ▶▶▶

1. 认识构图与图案。
2. 熟练掌握各种绘画技法。

重点 ▶▶▶

1. 熟练运用各种线描技法。
2. 熟练掌握广彩填色的特点与技法。

任务 **1** 起稿

广彩使用的图案有百余种，经常使用的也有 50 ~ 60 种。各种图案若能在使用上配置得当，再加上画面色彩的配合，就能较好地表现产品的设计构思。

广彩图案可分为以下四种：①斗方图案；②锦地图案；③边脚、间隔图案；④组织图案。

一、斗方图案

斗方图案是以各种线条、图案构成的广彩特有的开幅结构。图 4 – 1 所列的六种斗方图案，多在碟、盘、碗边和瓶肩、壶肩口使用。"博古斗方"多用于碟、盘、碗边和瓶肩、壶肩口；"双线博古斗方"是在博古斗方上加上内夹线，夹线可以勾金，也可以填白色；"抹角斗方"多用在龙纹办的花边；"枕头斗方"是一种长方形切角的斗方，有小八角作装饰使之不呆板；"海棠斗方"也是用于边、肩上，作为一种多变角度的表现；"如意海

棠斗方"是在海棠斗方的基础上加如意图案构成的更加精巧的斗方。（如图4-1）

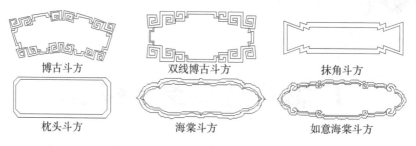

博古斗方　　　　　双线博古斗方　　　　抹角斗方

枕头斗方　　　　　海棠斗方　　　　　如意海棠斗方

图4-1　各种斗方图案

　　图4-2所列的十种斗方图案均是用于主题的斗方，也称为"开光"。如"指甲斗方"一般用来装饰"织金人物"和"织金翎毛"，在广彩中大量使用，其造型如人的指甲，能连续使用，大小斗方均能适用；"杠环斗方"与"指甲斗方"的区别在于杠环的背要弯，勾要向上，而指甲的背较平，勾的角度较小；"瓜形斗方"是南瓜形象演变成的斗方，在装饰上另有一种特色；"古坛斗方"是以静物作原型经过艺术加工后形成的斗方；"枫叶斗方"是根据枫叶的叶形设计的斗方，五个优美的叶尖有很好的装饰效果；"蝴蝶斗方"同样是一种以草虫自然美为根据设计的斗方；"龙斗方""凤斗方"是以我国传统的象征吉祥的龙凤形象设计而成的斗方，很有艺术感而且很受人们的喜爱；"蝴蝶博古斗方"结构严谨，造型美观，是广彩经常使用的装饰斗方之一，如广彩的传统花式"花果地博古斗方折色人物翎毛"。另外，"蝠鼠花篮斗方大圈心"使用的是"蝠鼠花篮斗方"，这种装饰方法在广彩传统产品中是很流行的。（如图4-2）

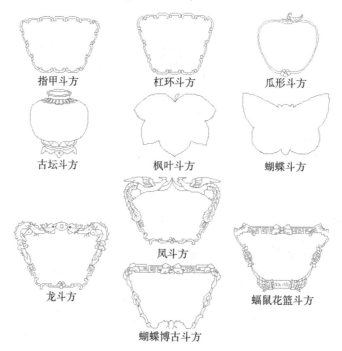

指甲斗方　　　　　杠环斗方　　　　　瓜形斗方

古坛斗方　　　　　枫叶斗方　　　　　蝴蝶斗方

龙斗方　　　　　　凤斗方　　　　　蝠鼠花篮斗方

蝴蝶博古斗方

图4-2　各种斗方图案

二、锦地图案

这是一种在任何边地都能使用的图案，也可以作大面积地的四方连续。图 4 - 3 的"万字锦"是以佛教的万字标志加上二字联结，是满地所使用的一种图案。图 4 - 4 的"人字锦"是一种向三个方向放射的图案。这种图案的画法很讲究技法，每条线要长短统一，每条线的方向不能错乱，否则不能成锦。图 4 - 5 的"龟缩锦"是水族甲纹自然纹样的图案化。图 4 - 6 的"八角锦"是一种统一工整的用八角形堆砌的图案。图 4 - 7 至图 4 - 9 分别为"三线金线锦""四方锦""三线锦"，均为既可适用单向又可用于满地的图案。图 4 - 10 的"鲨鱼皮锦"则能适用于各种边、地的装饰。图 4 - 11 的"云纹锦"是采用天空自然云彩变形的装饰图案，多用于满地。图 4 - 12、图 4 - 13 的"卷草纹锦"和"洋莲锦"均是草本植物的变形图案，在我国工艺品中使用了很长时间。图 4 - 14 的"壁裂纹锦"是以石的自然风化裂纹经过艺术加工而成的有规律的图案。图 4 - 15 的"水波纹锦"是以海水的涌波作主题的图案，这种图案多和以水族为内容的设计结合使用，亦可以用于碗、瓶、脚部的装饰。图 4 - 16 的"胡椒锦"是以胡椒大小的圆圈组成的图案，可以和各种图案结合使用。

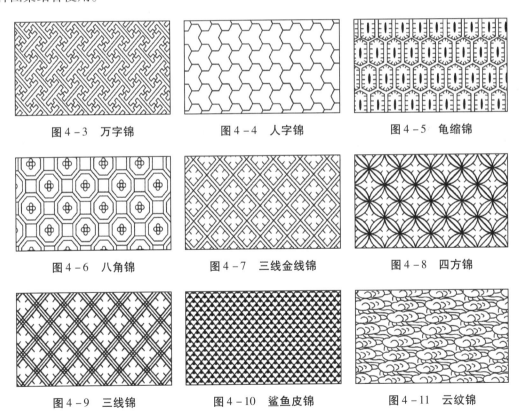

图 4 - 3　万字锦　　　　　图 4 - 4　人字锦　　　　　图 4 - 5　龟缩锦

图 4 - 6　八角锦　　　　　图 4 - 7　三线金线锦　　　　图 4 - 8　四方锦

图 4 - 9　三线锦　　　　　图 4 - 10　鲨鱼皮锦　　　　图 4 - 11　云纹锦

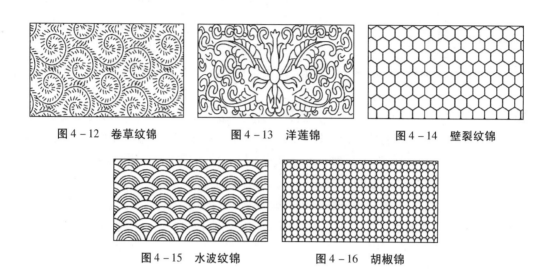

图 4 - 12　卷草纹锦　　　　图 4 - 13　洋莲锦　　　　图 4 - 14　壁裂纹锦

图 4 - 15　水波纹锦　　　　图 4 - 16　胡椒锦

三、边脚、间隔图案

这种图案多用于各种器形的边、口、脚部装饰，起结构性的间隔作用，如纽绳、鱼眼图案把边的图案与心的内容明显分开；顶工、双勾顶工图案多用于碟、碗边的外线或瓶肩的联结装饰。还有如狗牙、回纹、拖手回纹、灯笼锦、吊珠、如意、猪鼻云等图案能够起到活跃画面的作用。

图 4 - 17　边脚、间隔图案

四、组织图案

这是以一组表示一定含义的图案组织起来的图案结合，或以寓意和谐音来象征吉祥的图案。

1. 八宝图案

"八宝"是我国的传统纹样。明代"八宝"的内容基本上是：轮、螺、伞、盖、花、罐、鱼、肠（如图 4 - 18）。这八种器物是佛教庙宇中供在佛、菩萨神桌上的吉祥物，也称"八吉祥"。到明代后期也普遍出现杂宝，如"祥云""钱文""灵芝""卷轴书画""鼎""元宝""锭""珠""犀角""红叶""蕉叶""珊瑚"等。

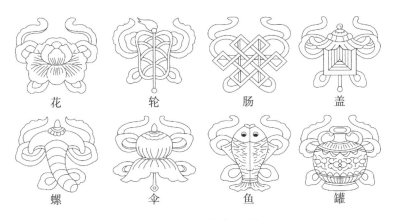

图 4 - 18　明代"八宝"

嘉靖、万历两朝皇帝除相信佛教外，也十分迷信道教。故嘉靖以后，"八仙"的持物图案非常风行，一直流传至今。这些持物的图案就是"八宝"的内容。"八仙"各自的持物分别为：汉钟离——扇子；张果老——鱼鼓；韩湘子——横笛；铁拐李——葫芦；曹国舅——阴阳板；吕洞宾——宝剑；蓝采和——花篮；何仙姑——荷花。这些也称为"暗八仙"。（如图 4 - 19）

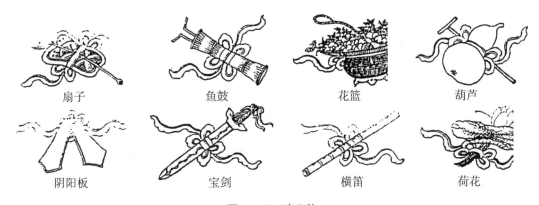

图 4 - 19　暗八仙

2. 寓意图案

寓意图案指以寓意和谐音来象征吉祥的图案。例如：牡丹——富贵；桃子——长寿；石榴——多子；松鹤——长寿；鸳鸯——成双；喜鹊——喜庆；鹿——禄位；蝙蝠——幸福；鹌鹑——平安；游鱼——富贵有余；戟、磬、瓶——吉庆平安；荷花——出淤泥而不染；菊花——经寒耐霜；松、竹、梅——清高。

广彩行业史已有三百多年了，通过广彩的发展，可以看到图案的发展过程。从广彩初期产品看，现存于广东省博物馆的广彩陶瓷与江西景德镇陶瓷的区别不大。因为广彩源于江西，初期还未跳出景德镇的窠臼。广彩为了适应出口的需要，逐渐由清雅写实走向装饰性图案化；由通连斗方、单幅斗方走向开多幅斗方的图案化；由清雅逐步走向金碧辉煌，色彩浓烈，构图缜密，这在中国陶瓷中，另辟一条蹊径，有别于其他陶瓷产品。本章旨在根据图案的结构原理和技巧组织形式，把广彩图案归纳总结，提升到理论层面上来。

➤➤ **作业** ➤➤

1. 什么是图案？广彩的图案与其他艺术的图案有什么区别？
2. 广彩图案的特征是什么？图案设计应该注意什么？
3. 广彩图案的分类有几种？请具体说明和举例。
4. 广彩图案的来源有几个方面？请具体举例说明。

任务 ②　绘制草图

在画纸上用铅笔先画好草图，经过反复修改后定稿，在纸本上定好画稿后开始准备将画稿准确转移到瓷胎上。

图 4-20　绘制草图

任务 ③ 过稿 （拍图）

先用浓墨描一遍定稿的图样，然后用喷湿的毛边纸贴上印上画稿，再把毛边湿图贴于其他瓷件，用手掌拍击两下，便可将图样复印上去。描一次稿可连续复印 20 次左右，如需继续复印，可用浓墨将图稿重描一遍。也有的开始就在薄纸上定稿，然后在稿纸背面用浓墨描一遍轮廓，再按前述方法复制于瓷件上。

图 4 – 21 过稿

任务 ④ 描线

广彩在绘画过程中，需要大量的线描技法，而这种技法继承了中国画中主要的白描手法。中国画的线描手法十分具有特点和表现力。由于中国画是属于纸本画种，故而表现力尤为丰富，而广彩是在素胎陶瓷上进行绘画，材质的不同也使得广彩的绘制必须有自己的特征，在线条的表现上，主要沿用中国画技法"十八描"的一些笔法，主要包括以下几种：

一、柳叶描

柳叶描，线条如柳叶迎风，故名。吴道子常用此法。因柳叶描似柳叶迎风，正稿时，先勾头、手部位，再勾衣纹、配件等。勾正稿时，忌浮滑轻薄。其特点是，行笔雄浑圆润，全神贯注，一气呵成，且柳叶描的特征要鲜明：厚，衣纹飘举，很有动感。先作底稿，再将熟宣纸覆其上描。

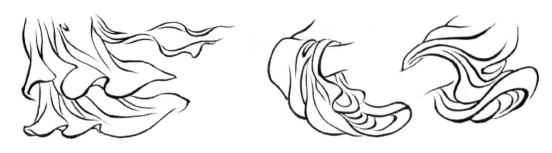

图 4 - 22　柳叶描

二、竹叶描

顾名思义，其线描状如竹叶。一般用中锋来勾勒表现，压力用于线中，柔而不弱。在具体使用时，短笔可借用竹叶、芦叶描，长笔则如柳叶描，但较其要刚，变化也大。此描法主要适用于人物画中较紧身的短打衣、裤，例如表现孙悟空那灵活、好动的性格，想要处理得妙趣横生，此描法完全适用。

图 4 - 23　竹叶描

三、钉头鼠尾描

任伯年最常用的线描方法。叶顿头大，而顿时由于大的转笔，行笔方折多，转笔时线条加粗如同兰叶描，收笔尖而细。

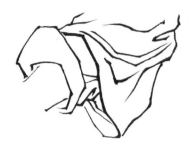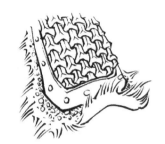

图 4-24　钉头鼠尾描

四、蚯蚓描

蚯蚓描，需柔而有骨，有骨则不弱。笔力内含，用笔圆润，可用篆书圆笔为之。

图 4-25　蚯蚓描

五、高古游丝描

东晋画家顾恺之常用此法。以平稳移动为主，粗细均一，如春蚕吐丝，连绵弯曲，不用折线，也没有粗细的突变，含蓄、飘忽，使人在舒缓平静的画面中感到虽静犹动。因其是极细的尖笔线条，故用尖笔时要圆匀、细致。在运笔时利用笔尖，用力均匀，达到线条较细，但又不失劲力的效果。其行笔细劲的特点，一般适用于表现衣纹飞舞的样子。

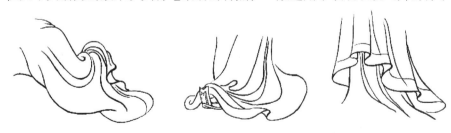

图 4-26　高古游丝描

六、铁线描

铁线描，方直挺进，衣纹有沉重之感。用中锋，行笔凝重、圆劲，无丝毫柔弱之迹。相较于琴弦描显得更粗些，适合绘画较为庄重的题材。其特点是粗细大致均匀，像铁线一样，坚韧有力。

图 4 - 27　铁线描

⟫ **作业** ⟫⟫

1. 广彩用于勾勒形状的笔法主要有几种？它们的特点分别是什么？
2. 请用主要的笔法勾勒描绘牡丹图一幅。

任务 ⑤　填色技法

一、颜色特性

参照模块 3 的内容，不同的广彩颜色，有不同的厚薄使用要求。

二、平涂法

不论应用油彩还是水彩方法，颜色都要保持均匀，不带有阴阳厚薄。

三、洗染技法

1. 水彩技法

浅薄牙白先作打底色，干燥后，应用两支毛笔，一支笔含颜色，另一支笔含清水呈半干湿状态；颜色上色部分占 1/3，含清水的毛笔带动颜色，呈现阴阳的效果。

2. 油彩技法

基本上如同水彩技法。浅薄牙白先作打底色，干燥后，一支笔含油性颜色，另一支笔含樟脑油呈半干湿状态；颜色上色部分占 1/3，含樟脑油的毛笔带动颜色，呈现阴阳的效果。

3. 两种方法的优缺点

水彩的优点是烧成后色彩较平滑光亮，缺点是精细、变化不及油彩。水彩干燥得很快，要求一两秒内完成洗染过程。

油彩的优点是阴阳变化多样，干燥得很慢，可以在数分钟内完成洗染，缺点是烧成后光亮度不及水彩的色泽。

四、挞花头

花头是广彩独有的极具特色的传统图案，其他釉上彩瓷没有这种彩绘技巧。

花头常用西红着色，也可以用大红、水青来着色。使用"小羊踭"羊毫笔，此笔特点是弹力较好，富有"腰力"，使用着色，较为方便操作。操作时，颜色不能太稀，保持的水分比平涂色要稍稠一些。挞花头要求下笔呈阴阳，技术要点是用力下按时色泽较浅薄，最后提笔到结束运行时色泽深厚。深厚色占 1/3，中、薄色占 2/3。每一笔都保持一样的阴阳，才能达到要求。上色与留空部分一样，待第一次色干后，再用同样的方法完成，最后在花头上部描上线条，代表花瓣的层次。

五、点面

在双黄或粉绿上点西红或宝石红，鹤春上点水青或钳青，粉绿上点苦绿。根据"前者色浅，后者色深"的原理，在水彩颜色干燥后，用笔锋稍秃的旧毛笔，蘸上含水较多的西红、水青或苦绿色，点上小圆点的颜色，或是阴阳，或是图案，呈现出色上色的丰富变化。

六、颜色写面（颜色醒面）

颜色写面是广彩极具特色的传统技艺，其他釉上彩瓷也没有这种彩绘技巧。广彩的颜色写面，特别是在广彩长行人物色上色的表现方法中，堪称一绝。

根据衣服褶皱的变化，如果用西红颜色，高光和褶皱小的部分用力下按些，把余色带动到褶皱部分，便产生阴阳变化。干燥后，用西红或是宝石红描绘色线，把衣服的褶皱表现出来。鹤春用水青或钳青，粉绿用苦绿，双黄或粉绿用西红或宝石红。

七、黄金色的用法

黄金色的应用也是广彩的传统特色，故而用堆金积玉、金碧辉煌来形容广彩亦不为过。在广彩图案里，除了丰富多彩的颜色外，还堆积填满大大小小的黄金色块，黄金色也是广彩作品的主色调。

1. 积金

积金前，首先要求除尘和清洁瓷器表面。积金是在图案之间填上黄金水，色泽呈均匀的深咖啡色，不能踏上线条或超过线条。黄金色过稀时，积金会漫过线条且不易控制，所以要等颜色干燥稍稠后才能积金；黄金色过稠时，积金的金色会过厚，用化学玻璃滴瓶装樟脑油，滴一两滴樟脑油在黄金水中，用笔调匀，便可以操作了。开始积金时，先小面积尝试，黄金水合适了才进行连续操作。

2. 描金和勾金

描金前，首先要求除尘和清洁瓷器表面。描金笔与描瓷黑的毛笔一样，用狼毫笔，要求笔锋好、笔尖毛整齐。描金线条稍粗于瓷黑线条，并且要求保持线条的色度与流畅度，其目的是要显现金线，金线柔弱会容易被其他颜色所覆盖。勾金的方法是描金线后，在金线内的范围填上颜色，要求每块颜色厚薄一样，整个作品烧成后色彩一致。

3. 颜色描金

颜色描金基本和勾金操作技术的要求一样，所不同的是，颜色描金是在已经烧成的颜色表面，再以黄金水描上图案。

图4-28　颜色描金

模块 5

广彩绘制的常用题材

>> **要点** >>

1. 认识广彩绘制的主要题材。
2. 了解广彩绘制各类题材的特点与方法。
3. 认识各类题材绘制的基本构图形式。

>> **难点** >>

1. 学习并掌握各类题材常用的构图与布局方式。
2. 运用不同的绘画形式表达不同题材的绘画内容。

自然界的花鸟不仅以优美的风姿受到人们的喜爱，同时又以丰富的色彩美化了人们的生活。作为一种美好的象征，早在秦汉时期，古代的艺术家们便已开始把花鸟作为描绘的对象了。从出土的一些文物上我们可以看到极富装饰性的花卉纹样和简单的花鸟图案。然而，同山水画一样，最初的花鸟只是作为人物画的配景出现在画面上，在相当长的一段时间里它都是处于萌生的阶段。到了晚唐时期，由于绘画艺术的发展，才开始有了专工花鸟画的艺人。"唐人花鸟，边鸾为最，设色精到，浓艳如生，开花鸟画之先河。"（汤垕《画鉴》）至此，花鸟画才成为一个独立的画科，我们学习花鸟画不能不了解花鸟的结构，以及它的发展历史。

广彩的花鸟画无论从线条上还是色彩上都是以国画花鸟画技法为主的。掌握花鸟画的绘画技巧，对我们今后的创作和生产将有莫大的帮助。

任务 1 花卉的认知

花卉的品种繁多，进行花卉写生或图案设计时，均应对其基本知识有所了解和认识，逐步掌握生长规律，学会区分不同的结构、生长形态和花枝叶的分布状况，以及形象特征。

我们研究花卉的目的有别于植物学。研究重点应放在观察花卉最动人的姿态，最优美的角度，最突出的典型特征。应善于准确细致地描绘对象，为写生设计打下基础。

花卉依靠阳光、气温、水土、肥料等各种条件而生长。它们的差异变化，也多依据这些生存条件、环境而定。大体可分为草本和木本、土生和水生等。

一、花的结构

花是变态的枝条，是枝条为了繁殖的目的而改变的一种生存适应形式。一朵完整的花，包括花萼、花瓣、雄蕊、雌蕊四个部分。（如图 5－1）

图 5－1　花的结构

1. 花冠的形态

花冠是花瓣的总称，它由若干花瓣组成，位于花萼内侧，一轮或多轮结构，具有各种形态。（如图 5－2）

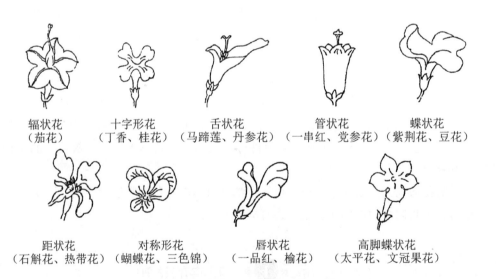

辐状花（茄花）　　十字形花（丁香、桂花）　　舌状花（马蹄莲、丹参花）　　管状花（一串红、党参花）　　蝶状花（紫荆花、豆花）

距状花（石斛花、热带花）　　对称形花（蝴蝶花、三色锦）　　唇状花（一品红、榆花）　　高脚蝶状花（太平花、文冠果花）

图 5－2　花冠的形态

2. 花序

花常常不单生，而是集结成各种不同的花序。依花的生长方式，有分枝式的特征，按一定顺序排列在花枝上，这花枝称为花序。（如图 5－3）

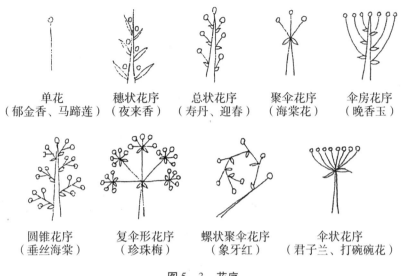

图 5 - 3 花序

二、叶的结构

叶是绿色植物的主要营养器官。叶是由托叶、叶柄、叶片三个主要部分组成。

1. 叶片

图 5 - 4 叶的结构

叶片是叶的主要部分，一般为完整呈绿色的扁平体，由表皮（保护组织）和叶脉贯穿的叶肉（基本组织）组成。

一般常见的叶片形状有单叶和复叶之分。

（1）单叶。

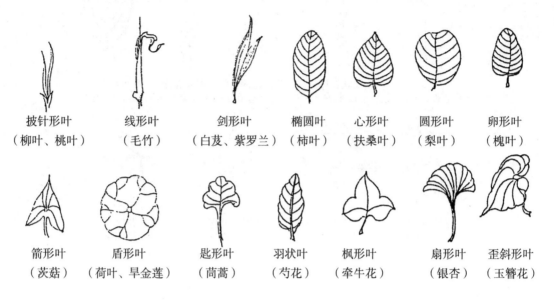

图5-5　单叶类别

（2）复叶。

图5-6　复叶类别

2．叶序

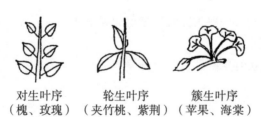

图5-7　叶序类别

叶在枝干上排列的规律和方式称为叶序。叶均匀和适当地排列，一是为充分接受阳光，不致互相遮挡；二是为适应环境，不使枝干任何方向负荷过重。

图 5-8　叶序

三、花的分类

在花卉的绘画方式中有具象派的，有装饰性的，有图案化的。但任其千变万化都是以具象形式为基础的。广彩花卉就是以具象形式和图案装饰性为主。

1. 具象花卉

具象花卉是以忠实于真实形象为主的，如我们平时看到的国画工笔花卉、写意花卉等。广彩现时的设计就是以工笔花卉为主，因为它题材广泛，资料丰富。在花卉中，牡丹是广彩用得比较多的题材。了解牡丹的花冠形态对提高广彩生产质量有很大的帮助。

（1）花蕾：又称花苞或花骨朵，分小蕾和大蕾。小蕾形似桃，大萼三片相包很紧，花瓣未露或将出；大蕾已见花瓣或见到花瓣的大部分以至于全部，但以不见花蕊或初见花蕊为度。画大蕾时要注意其特征。大蕾是花的继续和未来，要表现出生机勃勃的样子，而不能画成开花的缩影使人感到未老先衰。

图 5-9　花蕾

（2）初开：花瓣全露于外，排列整齐，色彩艳丽动人，花蕊初露，花瓣丰满。画初开的花时要注意外缘瓣的处理，不能过圆、过板，应表现出旺盛的气氛。

图 5-10　初开花

（3）盛开：牡丹是昼开夜合。第一天合得较紧，第二天合得较松，三天后更松且开合无定。因此花瓣开合重叠无定，非常生动，最宜入画。

图 5 - 11 牡丹盛开

（4）花叶：牡丹为羽状叶三叉九顶（一组叶共九片单叶），叶形有大小宽窄之别，叶色深绿、嫩绿、黄绿不等。叶的反面较正面色浅，带有粉霜状，叶主筋多重色，或深绿或紫红。叶柄较长，作十字形，其色多嫩红或粉绿。

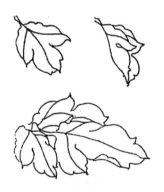

图 5 - 12 牡丹花叶

2. 花的装饰性

装饰就是要高于自然形象，给予合理的夸张、变形、高度概括。以花卉为主题的装饰图案不胜枚举。陶器、染织、铜饰、瓷器等都根据制作材料和工具的特性与实用性，产生出各自独特的意境和装饰效果（如图 5 - 13）。例如，装饰性牡丹在工艺上的实用效果如图 5 - 14 所示。广彩花头也是一种装饰图案，它是广彩艺人们长期实践的结果。

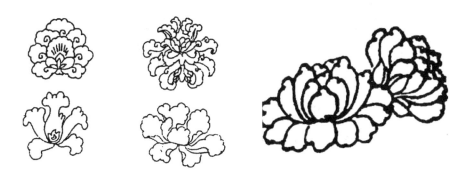

图 5 – 13　花的装饰效果 　　　　　　　图 5 – 14　装饰性牡丹

　　菊的寓意高雅，是一种在工艺上较有代表性的花。画菊的步骤和要点：①观察其外形；②定出其花心所向；③画时要注意瓣瓣归心。（如图 5 – 15）

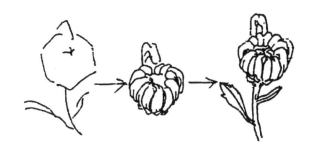

图 5 – 15　画菊的步骤和要点

　　碟形菊花花冠的画法。（如图 5 – 16）

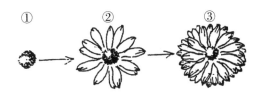

图 5 – 16　碟形菊花花冠的画法

　　画菊要从结构出发，画绽放的菊花时要从顶端最富结构的地方画起。注意花瓣的起处及走向，这是关键。从顶端画起，然后再一直延续重叠到完整为止。

　　3. **广彩的瓜果、叶形**

　　（1）广彩的寿桃、杨桃、水瓜、石榴、荔枝、木瓜都具有较强的装饰性，并反映着人们对事物的美好心愿。如寿桃表示长寿，石榴表示多子，荔枝、木瓜是岭南佳果等。广彩常见的果类如图 5 – 17 所示。

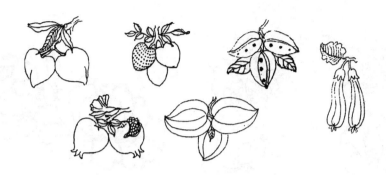

图 5-17　广彩常见的果类

（2）在广彩的构图中，竹叶常常作为一种点缀手段出现，故掌握竹叶的画法也极为必要。竹叶的画法是有一定规律的，它分为"个"字结构和"介"字结构，还有类似"人"字的结构（如图 5-18）。这里介绍的只是基本结构，自然界的竹叶是变化无穷的，要画好竹叶还是要"师法自然"。

图 5-18　竹叶的结构

（3）广彩花头伴叶的结构。许多人不理解花头伴叶的结构，以为这些叶都没有归心，其实只要通过分解图（如图 5-19）就可以理解其结构。

图 5-19　广彩花头伴叶分解图

（4）广彩鱼骨叶、瓜子叶的画法。（如图 5 - 20）

图 5 - 20　广彩鱼骨叶、瓜子叶的画法

▶ 作业 ◀

1. 以白描的方法绘制牡丹或菊花写生习作一幅。
2. 用广彩常用的花果设计"花果图"一幅。
3. 花的结构是怎样的？画出花的结构图。
4. 什么是花冠？
5. 花的分类有几种？请举例说明。
6. 请画出叶的结构图并写上名称。

任务 ② 鸟的认知

一、研究画鸟的意义

鸟的种类繁多，羽毛变化尤其复杂，各种禽鸟都有其不同的形态。大如孔雀、秃鹫，小如鹌鹑、麻雀，无不具有各自的习性。文艺作品中的鸟，或鸣春啼月，戏水穿花；或春来秋去，应候知时；或比翼相栖，雌雄相守。鸽子象征和平，鹊儿偏能报喜；莺歌燕舞，赞美繁荣；鹤立鹏搏，比喻壮志；鹦鹉能言，鹌鹑善斗；王羲之爱鹅而作《换鹅帖》，林和靖爱鹤不愧高人……可知鸟和人们的生活有着紧密的联系。"好鸟枝头亦朋友，落花水面皆文章""无可奈何花落去，似曾相识燕归来""一松一竹真朋友，山鸟山花好弟兄"……诗人们对花鸟的感情是如此的丰富和深厚！所以，画鸟是一门很有意义的艺术，值得我们重视和探论。

二、禽鸟外形各部名称

1. 鸟体解剖

对禽鸟进行解剖，研究它的骨骼构造、体内各器官的位置以及相互关系，明白鸟体各器官基本结构后，进一步研究它的生理变化和运动规律，就可以了解和掌握禽鸟的活动姿态与神态。广彩以禽鸟为题材的作品非常多，学习好禽鸟的身体结构和运动规律，对提高广彩的质量和个人的彩绘熟练程度也有很大的帮助。

2. 鸟羽

根据构造，鸟羽分飞羽、绒羽、纤羽。飞羽披着于鸟体全身羽区，绒羽密生于飞羽下面，纤羽夹杂在飞羽中间。全身羽毛都生向后方，刚孵出的小鸟全身暂为绒羽，初生飞羽时两侧羽枝不对称，外侧因为鸟翼承受风力关系而显得较狭。

广彩的鸟羽较为简单，甚至用写面的技法来表现羽毛，可能是为了适应生产的需要，或者是一种装饰的简化。

3. 鸟的动态

鸟类上飞时头向上，尾羽向下，翼下掣；下落时爪下伸，两翼上举。

➤➤ **作业** ➤➤

1. 临摹出鸟的白描习作一幅。
2. 绘制一幅羽毛的白描习作。

任务 ③ 花鸟布局的基本规律

人们把绘画的"布局"称作"经营位置"，把布局一词的含义表达得十分清楚，其意思是说：各种绘画因素，在画面中的位置的安排即是布局。

布局就是指形、线、黑白色块、色彩等在画面空间里的安排问题，要画的东西在画面中有多大多小，是上是下，空白留多少，留在什么位置上比较好看等，就是作画的第一步——布局。

要在有限的画面中描绘出多种多样的图画来，把位置经营好很重要。"布局"是绘画的骨架，是一幅画的骨骼和结构。形、线、黑白色块和色彩的具体描绘则是它的皮肉。想要画出称心如意的画面，必须反复经营布局。

一、多样统一规律

一幅画的画面是有限的，在一幅不大的画卷中要描绘出多样的画面来，靠什么？靠变化，所以画面有限，而变化则是无限的。

图 5-21 中，上边的三只鸟距离相等，又都处在一条水平线上，这样的布局只有统一而无变化，不好。因此，在布局时，不管是什么东西，都应避免等距离和在水平线上的统一。

下边的三只鸟距离有变化，但由于左边偏重，破坏了画面的均衡，这样的布局虽有变化但不和谐。

图 5 - 21　鸟的布局

二、均衡

什么是均衡？这和用戥秤称东西一样。一边的东西重但距支撑点近，另一边的秤砣虽然轻，但离支撑点远，形成了重量和面积大小上的平衡。这也就是画面上的平衡。

线条的均衡，要避免线条曲直、粗细、疏密的统一。粗线是一条，可是细线增多了长短不一的三条后，在重量上得到了均衡。这就和树一样，树干总是少于树枝，而树枝总没有树干粗，也就是说，粗树干长而少，细树枝则多而短，它们自然地形成了均衡，了解这一点对广彩的安枝或其他技法的使用都有一定的帮助。

三、对称

对称又分左右对称和放射对称。左右对称又称两侧对称，若在画面上垂直立一面镜子，则镜子必然映出和画面上图形相同的图像，这样的图形叫左右对称。两边图形的境界线叫对称轴。放射对称以一点作对称中心。将当作原型的主题以一定角度置于点的周围，作回转配列，于是就形成了放射状的对称图形，叫做放射对称，把中心点叫做对称点。

在具象花鸟的绘画中，对称布局是很少用的，而在装饰花鸟和图案中则大量使用。

但绝对的对称，也会给人以一种呆板的感觉。广彩的传统花鸟在运用对称布局时就有很好的方式，如花心蝴蝶，它在对称中求变化。

四、花鸟布局在广彩中的应用

在广彩的传统花鸟中运用均衡、对称的布局方法是较为常见的。广彩的传统花鸟都是以对称布局和均衡布局为基础的。广彩花鸟的另一画法则是具象花鸟画即工笔国画花鸟的技法，它对丰富广彩的花鸟内容起着积极的作用。

▶ 作业 ▶▶

1. 什么是布局？
2. 广彩的传统布局有几种？结合广彩产品说明这几种布局的运用。

广彩人物绘画技法入门

▶ **要点** ▶▶

1. 认识广彩中人物画的地位与主要形式。
2. 掌握人物五官比例与身体比例。
3. 了解人物脸部表情的主要特征与表现方法。
4. 了解广彩人物画中的"七忌"。

任务 ① 了解中国人物画的发展

中国人物画有着悠久的历史，自有记载以来，就有仕女图等人物画。不单有名的画家，即使无名的画家也向这个方面发展。早在公元前三四百年，先人们便开始研究美的问题。最早认为"君子"给人一种美的感觉，后来则以"女子"为美，可见美的观念是有时代性的。每个时期的审美观不同，如周朝末期的帛画，其表现手法多用象形和图案。两汉时期，以袖宽且长、腰细、头髻特别高为特征。南北朝时期，因佛教传入中国，因此多表现佛像和极乐世界等题材。唐代的表现则为人体丰满、服装飘逸、活泼、线条灵活、色彩鲜艳。宋朝则将丰满改进为俊秀，至元朝就兼有以前各朝代的特点而全面发展。明代在风格上有着重大的改良，在服装的造型研究上又更进一步。到清朝时期则转为绒细为美，多采用瓜形面、细足等，同时较多地表现手和足的动作变化，人物多着旗袍，因此与明代服装有一定的差别，而近代的人物画多表现为时装。

任务 ② 认识人物画在工艺美术中的地位

以人物为题材的画面，在工艺美术中占了很重要的位置，古代的装饰画就有不少用人物作主题，我们的祖先就在各种器物上表现自己的劳动情景来美化生活，如表现耕作、放牧、捕鱼、打柴等的"渔樵耕读图"。

随着工艺美术品设计制作的水平日益提高，人物画更成为美化人民生活、反映现实的创造。如"封神榜""三国志""水浒传""西厢记""红楼梦""八仙""罗汉"等历史、神话故事题材就大量地运用到工艺美术装饰方面。

广彩在清初便将人物画大量运用到产品中，历史故事、仕女欢乐等题材不断增加。人物题材较之山水、花鸟、纹路等更能直接表现作者的创作思维和思想感情，能更好地提高作品的艺术性，达到装饰美与内容美并存的要求。

任务 ③　掌握人物头部与面部的比例关系

人物画要有美的表现，人的五官比例一定要掌握准确，这样才能达到美的要求。

人的头部是人身体的主要部分，五官是人的精神面貌的着眼点，反映着人物的思想感情。人物的精神活动，可以从头部的俯仰姿态中表现出来。因此必须熟悉人物的画法和比例关系，从生活中观察、了解人物头部在各种环境中的动作规律和变化。

人的面型正视犹如鸡蛋形状，整个面部分为三庭五眼。三庭：从发际至眉线为上庭，眉线至鼻底为中庭，鼻底至颏底为下庭。五眼：画者从正前方观察面部，右外耳孔至右眼外角之长 = 右眼长 = 两眼间的距离 = 左眼长 = 左眼外角至左外耳孔之长。

五官位置的一般比例关系：①眼在头发的1/2处；②鼻尖在眉至颏的1/2处；③口唇下缘线在鼻中隔至颏的1/4处；④上唇上缘中在下缘至鼻尖的1/4处；⑤眉上缘至上睑缘的距离可与人中同长；⑥发际线至眉的距离可与眉至鼻底的水平距离同长；⑦两眼之间的距离，两眼本身之长，两眼外角至耳际大约五等分；⑧鼻底宽等于两眼之间的距离（笑时鼻翼向外扩些）；⑨口等于两眼瞳孔相距的长度；⑩耳上齐眉，下齐鼻底。

人头像从侧面看：①眼外角至耳外孔和至嘴角相距同长；②鼻的斜度，耳的最长径和枕骨颈相接的斜线，大致成平行关系。（如图 6 - 1）

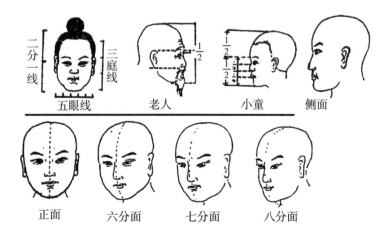

图 6 - 1　人物头部与面部比例

任务 ④　男女老幼的五官特征

一、男性的五官特征

（1）眉较浓宽，不如女性那样圆弯。

（2）眼眶较深，眼显得小些。

（3）鼻梁较高，鼻较大，鼻翼较宽。

（4）口形的转折明显，嘴唇较厚。

（5）耳形的转折比女性突出，不如女性那样圆润。

总的感觉是体面较明确，肌肉结实。

二、女性的五官特征

（1）面骨比男性小。

（2）五官大体位置可与男性相同。

（3）眉较淡薄，略呈弧线状。

（4）眼眶较浅而润，眼显大（因为眼眶比男性略小）。

（5）鼻较小，鼻翼较窄而低。

（6）嘴唇较薄。

（7）耳形的转折不像男性那样明显。

总的感觉是较丰满，转折比较圆润。

三、老人的五官特征

比例关系：因上下颌骨齿槽突部分萎缩，牙床平没，牙齿脱落，故头骨的脑颅部与面部骨相比，较青年人小，眼位就在颏至头顶的1/2处，下鼻底至颏、嘴至颏的距离均缩短。特征如下：

（1）眉生长不像青年人那样平整。

（2）眶骨显露，眼球凹陷，眼皮松弛，面部肌肉下垂，越老越显著。

（3）鼻翼较显露。

（4）嘴唇薄而向下凹。

（5）面部多皱纹，眉间有纵斜皱纹，鼻梁两侧有纵皱纹，外眼角向颧方有鱼尾状缩皱纹，沿口围有放射状皱纹。

总的感觉，骨相凸出，体面显著，皱纹多。

四、幼儿的五官特征

比例关系：面骨所占的范围很小，随年龄增长而增大，眉线在头部的 1/2 处。特征如下：

（1）眉淡而短。

（2）眼眶比青年女性更丰满，显得更大，两眼相距较远。

（3）鼻小而圆，鼻根部平坦，鼻底之宽短于两眼内角距离。

（4）嘴小，宽度比成人小。

（5）耳显得大，耳长可与鼻底至眉的距离同长。

总的感觉比女性更圆润。

图 6－2　男女老幼的五官特征

任务 ⑤　正常人体比例

一、人体比例

（1）人的身长一般为 $7\frac{1}{2}$ 个头长。

（2）耻骨可作为人体身上正中点，身长 1/2 就在此处，对人的长度影响最大的是下肢，高人腿长，矮人腿短，尤其是小腿短。

（3）从颏部至乳头水平长约一个头长，从胸骨上窝至肩臂转折的宽度为一个头长，从乳头水平至脐为一个头长，从脐至耻骨嵴比头稍短一点。

（4）在下肢，两腿间中缝，从耻骨嵴至髌骨下缘水平线的长度为 $1\frac{3}{4}$ 个头长。

（5）从外形比例上看，髌骨大致是位于整体下肢之中。

（6）从髌骨中至足底约两个头长。

（7）上肢下垂，手自然弯曲时中指位于大腿中段。

（8）从肩峰至肘关节约为 $1\frac{1}{2}$ 个头长，肘关节至中指约为 $1\frac{3}{4}$ 个头长。

（9）上肢，直上举时，前臂高出头顶。

（10）手掌心（从腕至中指）相等于从颏部至颌面长。

（11）足长相当于头长。

（12）两乳相距可与头的长度相同。

（13）左右肩峰之距相当于左右大转子之距。

（14）"坐平面"时约为 4 个头长。

以上是正常比例，但要在日常生活中不断观察，才能掌握人体运动变化的规律。

二、绘画注意

要对绘画对象仔细观察，分析特点，然后才动手画，画时要注意以下几点：

（1）重心、倾斜关系、外轮廓的变化。

（2）透视关系。

（3）在垂直和水平线上测量出对象的变化。

（4）比例关系。要注意和对象周围的东西进行对比衡量才能画出准确比例。

（5）在大的关系画好以后再去刻画那些细微的东西，才能得到更好的效果。（如图
6－3）

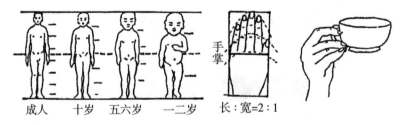

图6－3　人的身高比例

任务 6　人物的表情

表情是人物的灵魂。人物的思想感情完全通过面部表情来体现。情感的表现形式多种
多样，难以用几种表情来概括。当然，感情除了主要流露在面部，身体和四肢也有辅助作

用，有时甚至作用还相当大。

一、笑的类别

1．微笑

表现为口角向上拉，颧肌收缩，使眼下皮微有上移，外眼线加长。

2．笑

加强了上述表情，而且露齿，眼更狭长，外眼角和下眼皮有皱纹，注意鼻唇沟的变化。

3．大笑

在上述表情加强的同时，头微向后仰，眼眯，口张大且露齿，颧骨部分上升，鼻唇沟加深，由于口大张，脸就拉得比平常更长些。

二、怒恼的表情

1．烦恼

眉向内皱，有的嘴唇收缩嘟起。

2．怒

皱眉瞪眼，鼻翼微微扩张，有张口或咬牙的表情。

三、哀痛的表情

1．哀

眉间紧皱下压，下眼皮向内角收缩，产生细纹，嘴角向下。

2．恐惧

恐惧是一种突然面临可怕事物时的情感表现，眼睛大瞪出，嘴张大，眉竖起，面部和全身都呈紧张状态。

3．哭泣

对小孩来说是一种抗议、自卫或要求的表现，对成人来说是辛酸的情感涌现时的一种表现。表现为眉紧锁，眼闭紧，眼角略向下，嘴唇微张或张开，嘴角向下。

四、凶恶和奸诈的表现

1．凶恶

瞪眼竖眉，鼻唇沟加深，列齿，嘴角下压。

2．奸诈

眼微张，斜视，皮笑肉不笑，嘴半张或歪嘴假笑，给人一种不怀好意的感觉。

快乐   痛苦   反抗   恐惧

图6-4 人物的表情

我国古代的艺术家们对表情很有研究，创造出著名的"传神写照"方法。有这样一个小故事，唐代郭子仪请当时有名的大画家韩干和周仿给他的女婿赵纵画像。两张画像画好后，问其女儿哪张像赵纵，回答说："两张都像，只是前者空得赵郎形貌而不得赵郎神情，后者神态风貌都似赵郎。"说明古代画家在传神方面的成就。

任务 ⑦ 人物动态和衣纹变化

一、人物动态

人的体态复杂多变，不易掌握，但经过不断的研究，把人体简化为几条简单的线条和圆柱后就容易掌握了：①躯干线：表现为脊柱曲折，倾斜动态。②肩胛线：联结两肩之间的直线，此线的变化表现肩部的动态。③盆骨线：联结二髋骨之间的直线，此线的变化表现骨盆部位的变化。④四肢线：表现四肢的动作变化。

图6-5 人体动态变化线

人的躯体可简单分为：①头部；②胸部；③臀部；④上肢（上臂、下臂、手掌）；⑤下肢（大腿、小腿、足）。

人体动作的变化，主要表现在能活动关节部分的姿态，即头部、胸部、髋部三大部分立体倾斜度的方向变换。

关于人体的平衡：人体在进行站立、走路、舞蹈等姿态时必然随时随地维持前、后、左、右的平衡，若一边重一边轻，轻的一边就会向重的一边跌倒。人体是否平衡可以检查重心。平衡时重心必定在身体以内，如果在身体以外就不平衡了。

透视的变化：

（1）透视遮断：从正面看去人体是对称的，例如可见双手，如果角度转变就可能只看见一只手了，这是因为角度和视线的变化。

（2）透视缩短：属于前/后或者偏前/后的角度，手脚就出现缩短的现象。

二、衣纹变化

衣纹画法：衣服质地不同、厚薄不同，穿在复杂多变的人体上，衣纹变化更多了。衣纹大多是因人体的动作造成的，透过衣纹的变化，便能看出隐蔽在内部的肌体活动，衣纹表现出人运动变化和自然环境、风力动向的关系。由于衣服本身有一定的重量，衣褶的基本方向是下垂的，但在运动或外力影响时，则表现为向上或向外的伸展状态。

衣纹画法要分主次，主要衣纹为轮廓线和运动线，次要衣纹分缝缀线、折叠线、惯性线等。凡属于轮廓线的皆为主要衣纹，勾描应明确、清楚，特别是透露内部肌体关节的部分（肩、臂、腕、膝、臀等），都要能从衣纹中表现出来；轮廓线也包括服装本身的边缘线（衣领、开襟、袖口下摆）。运动线是显示运动方向的比较明显而突出的主线。从属于主线的还有很多辅线。主线不可省略，辅线可以适当精简。自然的辅线很多，要选有作用和有美感的使用，不可以什么都用。缝缀线和折叠线虽属次要衣纹，但有很好的装饰性，必须呈现清晰，不可省略。惯性线是由惯常动作而形成，此类衣纹多表现为两端轻细，无一定依傍。

由于衣纹大多是因人体的动作而形成的，所以在人体关节的地方出现各种不同的正反"三角形"，如果遇有三角形并列在一起时，要用长短距离、顺逆转折的笔法参差开，避免形成交叉的线；遇有三线交于一点者，必须破开外轮廓线，外面的线比较长，里面的线比较短。

穿在身上的衣服有的地方是贴身的，有的地方是不贴身的，贴在身上的部分主要表现身体结构，衣褶不能过多，衣纹多为自然的、有节奏的；不贴身的部分要注意它的动向。这些是画衣纹的规律，还要注意画衣纹的四忌：①忌线染不分；②忌互相交错；③忌杂乱无章；④忌滥用偏锋。

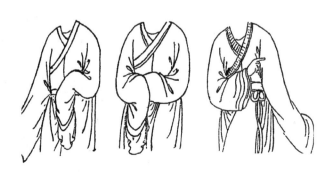

图 6-6　衣纹变化

表现人物的性格要注意面形与形态的配合。由于人的动作习惯，容貌是不可能完全相同的，古人把人的面形分为八种，用"国""用""目""同""甲""由""申""王"八个字形来表现，这是基本知识。但画美女则用莲子形或瓜子形较为适合，因莲子形能表现丰富，瓜子形则感觉清秀，能收到美的效果。不同性格的人物，其表情具有各不相同的特点。正面人物如武生、才子等，人物性格是忠厚、正直、斯文；小生则要表现出风流潇洒、温文俊秀的特征。奸丑人物主要表现为表里不一，行动不自然，奸诈伪善。小丑滑稽生动；美女亭亭玉立，温柔娇俏；小孩天真活泼。总之，画人物要注意形与神的关系，以形来表现动态，以神来传情。若能准确表现五官、身形、动态，就能表现出理想的画面和丰富的思想题材。

任务 ⑧ 广彩人物的时代类别

广彩人物是从工笔国画人物改革过来的，由于原料和技法的不同，表现手法上也有区别，但造型方面却有共同的一面。广彩人物在各时代有很大变化，因时代的演变，根据市场的需要，各时代的创作设计者以适销对路为目的，因此，早期广彩尚未有固定的画面，主要是以外国商人的喜好来样加工，画面多表现洋人和洋房如外国元首肖像、花园别墅等。另一种是贡品，画面中人物服饰都采用托领、顶带、旗服，以亭台楼阁、花园为背景，表现了对统治者的歌颂。这些作品现于故宫博物院和广东省博物馆均可看见。

一、折色人物

嘉庆年间首先创作出"折色人物"，其具有色彩清雅、笔法豪放的特点，是广彩史上运用时间比较长的一种人物画技法。"折色人物"全用黑线来画衣纹和景物，只有相头的眉目用大红和乌金描绘。早期采用的颜料以古彩为主，色调有干大红、淡黄、水青、水绿、二绿、浅蓝、大绿等，近代"折色人物"在色彩上有所改革，用西红代替浅茄，色泽更加鲜艳。

图 6-7　"折色人物"

"折色人物"的设计方法如下：

（1）"折色人物"重于构图和笔法，人物的布局要有疏密聚散，人物的神态和动作要富于表现力，动静配合。

（2）衣纹线条要按动态表现，以铁线描和钉头鼠尾描较多，很少用柔丝描。

（3）配景多衬以方向各异的古建筑物，室内的有屏风、石阶、栏杆等。因"折色人物"属于古彩之美，故山石、树木应采用国画绘法。

（4）色彩要反映出年代特点。仿古产品一定要用浅茄，不能用西红，干大红只能作配色。西红只能用于近代作品，用色一定不能过分集中，若用西红填衣服应有深浅明暗，其他地方可以平涂。

二、长行人物

道光年间发展出"长行人物"，因盛于同治故又称"同治人物"，是广彩长期流行的人物画法。这种技法的出现在艺术上堪称独创，有浓厚的民间工艺特色。在造型上以装饰作为主要表现手法，因此在人物画法上不强调比例，但也和实际差距不大。注重五官表情和神态。构图布局采用热闹紧凑的手法，不受具体题材的限制。"长行人物"在色彩运用中，用颜色的深浅明暗来表现服装衣纹，给人以清新明快的感觉。

1. "长行人物"设计要点

（1）构图背景一般以厅堂花园为主，除大件作品外较少使用远景、树木、石头，小件作品一般陪衬一些小草。

（2）厅堂一般从正面表现，刻画屏风、栏杆、粉墙、古雅家具等。

（3）人物的分布要根据作品大小而定，大件可用楼阁使画面人物数量增加，题材可选用历史故事；小件则可采用"家庭"等题材表现民间风情。

2. "长行人物"技法要点

（1）相头轮廓线用红线勾描，眉目用黑色，必须特别着重眼的神态。

（2）人物的造型可以用坐、立、行、团等，形态造型力求生动优美。

（3）线条要粗细适当、浓淡相宜，主次分明，横、竖线不能歪斜。

（4）色调要主次分明，一般以大红、西红为主色，地用大红上面画粉绿地苔，地苔要用笔锋画。注意表现地的色彩而不是图案。

（5）"长行人物"是在色上画衣纹的技法，以线条疏密、长短、转折等方法表现人物关节的起伏，特别是西红衣服要在填深浅明暗后才画衣纹，这样人体的各部位就表现得更为清楚，立体感更强烈。大件作品上人物的衣服要画上一些花纹。

（6）"长行人物"填色时除大红不可填厚之外，其他颜色不能填得过薄，处理不好则会直接降低艺术性。

图6-8　"长行人物"

三、飞白人物

除"折色人物"和"长行人物"外，还有一种不用背景衬托，只用人物和道具来表现的，名为"飞白人物"。这种人物的特点是清雅，主题突出，在历史上流行了很长时间。"飞白人物"既可以用折色的方法表现，也可以用长行的手法表现，在构图上特别讲究聚散，因为画面四周和斗方要留出均匀的白地，故取名"飞白人物"。

使用任何一种表现手法的目的都是为了得到一件有艺术欣赏价值的好作品，所以首先要研究人物的造型艺术，同时要掌握各种技法。平时多观察现代人物的动态与表情，掌握人体变化的规律，研究各个朝代的服饰，才能创造出更好的艺术作品。

下面是画人物画的"七忌"：

（1）忌构图不当，聚散平均。

（2）忌楼阁杂乱，不分前后。

（3）忌透视不清，角度不正。

（4）忌垂直不正，东倒西歪。

（5）忌五官不正，造型不美。

（6）忌坐立不分，比例不准。

（7）忌色调混乱，难分主次。

上述广彩人物常用的技法，具有广彩的风格特点。但现时人物题材有了很大的发展，技法上也有很大的进步，设色亦不受局限，人体比例也越来越准确，造型上更重视美的表现，这是时代所推动的。但同时一定要保持广彩人物的特点，在设计造型上保留其独特的风格，把广彩历代艺人的艺术结晶发扬下去，敢于创新，永远向前。

绘龙画凤

1. 认识、了解龙、凤在中国文化中的寓意。
2. 认识、了解龙、凤的特点。
3. 掌握龙的形体结构的各个部件与画法。
4. 掌握凤的形体结构的各个部件与画法。

任务 **1** 龙在工艺美术作品中的作用及其发展

中国传统工艺美术是我国瑰丽的民族遗产中一颗闪光夺目的明珠，而运用在工艺品上的龙，则是这颗明珠放射出的一道绚丽光彩。

为何用明珠放射出的绚丽光彩来形容龙的作用呢？从历史的遗产中我们可以得到一些启发：公元前十六世纪，商代的青铜器皿上就出现了龙的图案，而更远一些的实物考证认为，六千年前我国已有龙形雕刻的存在，如内蒙古赤峰地区和辽宁省西部沿山地区的红山文化遗址中出土的龙形玉雕、山东省出土的双龙首玉瑾等。此前又报道在内蒙古敖汉旗发现距今七八千年的龙纹陶器工艺品。这些出土文物无可辩驳地论证了我国是龙这个艺术形象的故乡。除工艺品之外，还有文化遗产的论证，比如姓氏"龙"。中国传说中的远古先祖是有巢氏、燧人氏、伏羲氏、神农氏，后来伏羲氏分化出飞龙氏、潜龙氏、居龙氏、降龙氏、青龙氏、赤龙氏、白龙氏、墨龙氏、黄龙氏、水龙氏、土龙氏。母系社会时期又有"感天而生"的传说——女登感神龙而生了炎帝，庆都感赤龙合婚而生尧帝。这些传说都与龙密切相关。历史遗留下来的龙的资料，大多是工艺品，所以把龙比喻成闪光夺目的明珠上放射出的一道绚丽光彩极有道理。

任务 **2** 龙的形象

传说中龙的形象是奇异的：它是闪光、闪电的怪物，也是满身披火的吉祥物。由陶器时代到铜器时代经过两千多年来各朝代工匠的臆造，龙的形象进一步明朗。在早期的陶器和铜器上看到的龙，可以看到猪鼻、蛇身，然后逐渐进展到有鱼鳞、角、脚。

龙的形象在中国历史上源远流长，从战国时代起，人们就崇拜、珍视和喜爱"龙"。很多工艺品都用龙的造型来装饰美化。到了清朝末年，龙的形象达到了完美的境界。北京故宫九龙壁上的九条造型各异的腾龙，被许多专家学者鉴定为形象最美的龙。

任务 ③　龙的形态及其基本特征

自然生物学家的考察证明，远古时代存在恐龙这样的动物。而一般认为龙的形象是以恐龙为原型发展而来的。但现在我们看到的龙的形象和资料里看到的恐龙形象极不一样。恐龙的形象粗犷、头细脚细、身体巨大、无角。但人们在刻画龙的形态特征时主要是强调龙头的各器官。没有龙头就无法表现龙了。

龙的形态及其特征如下：

龙头各器官：剑眉、虎眼、狮鼻、鲢口、鹿角、牛耳、马齿、獠牙、鼻的两翼有一对长而有力形似虾须的触须，宽阔隆起的前额，上唇有胡，下唇有形似羊须的须毛。（如图7－1）

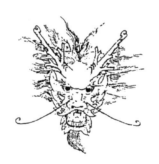

图 7－1　龙头

身体的各部位：蛇身，鹫脚，鹰爪，四脚上有火焰披腋，身脊上有节梁、椎刺、鲤鱼甲鳞，尾多似马尾，也有似鱼尾。

龙的这种形态是综合飞鸟走兽及其他动物最富寓意的特点组合成为自身的特征。

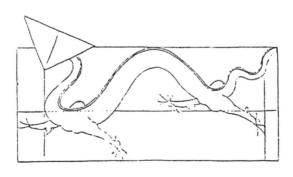

图 7－2　龙的身体图

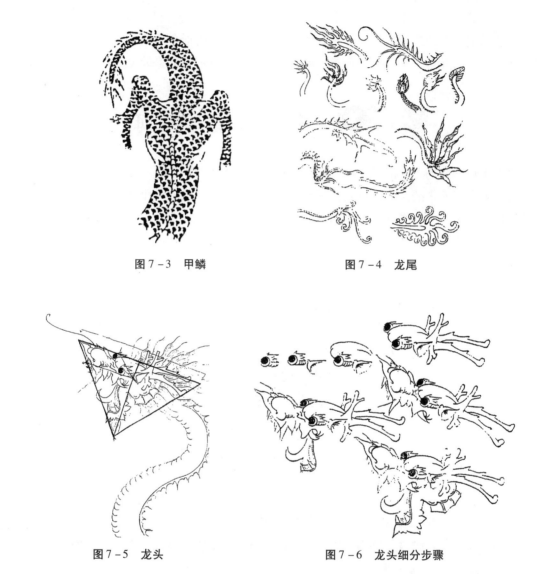

图 7-3　甲鳞　　　　　　　　　　图 7-4　龙尾

图 7-5　龙头　　　　　　　　　　图 7-6　龙头细分步骤

任务 4 龙的画法

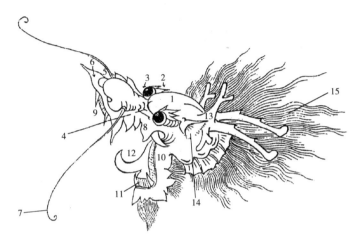

1. 脑门：光滑稳定；

2. 眼眉：要对称；

3. 眼睛：两眼要突出；

4. 前脸：渐向上；

5. 鼻子：鼻翼要有透视感；

6. 鼻刺：要和鼻子相称；

7. 触须：须根要有劲，尖，有吸力；

8. 上嘴：要有上张之势；

9. 门牙：要凶露；

10. 下嘴：要有张合之势；

11. 前牙：要有长短之分；

12. 舌头：要卷起；

13. 角：要质硬如骨，角尖有圆感；

14. 龙耳：明显突出，耳勾要圆；

15. 鬓发：要有凌风之势。

图 7-7　龙头各器官说明

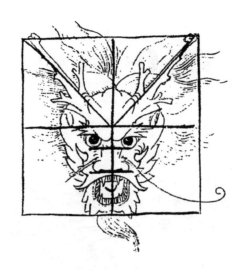

8平方厘米四方格再写成田字格，在下格垂直线中间每隔1厘米画一条虚线。

在8平方厘米田字格的上小格中画$4\frac{1}{2}$的斜角线。先画眼，随后画前额、耳，龙角定位后则画鼻、唇、牙、须、发。最后画胡纹。

图7-8　龙头正面画稿

龙爪：五指爪传说为金、木、水、火、土（五行）；四指爪为东、南、西、北。

图7-9　龙爪的画法

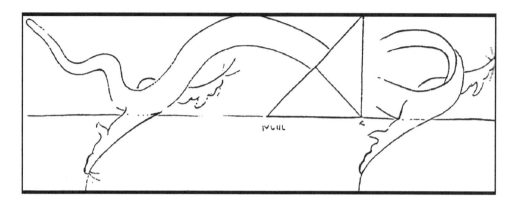

图 7-10　扭头龙初学绘稿草图

图 7-11　广彩传统花式金火龙

图 7 - 12　云龙构图

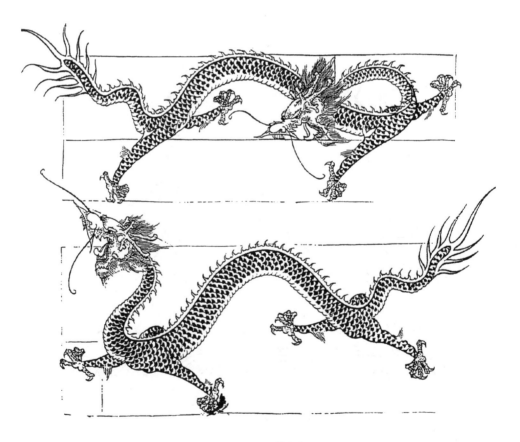

图 7 - 13　云龙图解

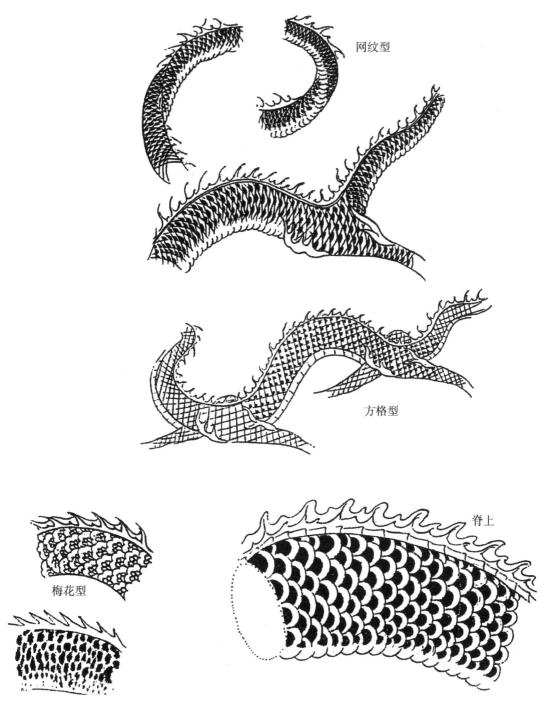

网纹型

方格型

脊上

梅花型

图 7 – 14　龙鳞、龙脊

图 7 - 15　腾龙图

任务 ⑤　凤与龙的关系

　　凤凰是鸟中之王，羽毛美丽，雄的叫凤，雌的叫凰，常统称为凤凰。我国古代殷民族用它作为氏族的标志。

　　古籍中记载着这样一个故事，商始祖契的母亲叫简狄。有一天简狄到河中沐浴，忽然有一只玄鸟飞过来在岸边生了一个鸟卵，简狄高兴地拾起，这个鸟卵尚有些余温，简狄立即吃了这颗鸟卵，简狄因此怀孕生下了契。契长大后协助夏禹治水立下功劳，于是被封为商地侯王，赐姓殷，尊为"玄王"。从此中国历史上有了商族，也就是殷人。殷人之后把"玄鸟"作为自己氏族的图腾。

　　玄鸟的形象类似燕子，随着殷氏族的不断发展，"玄鸟"逐渐演变成有鸡冠、鹤足、孔雀尾巴的凤凰。夏氏和殷氏在古代曾有一个时期是对立的氏族，他们各有自己的图腾，夏氏尊龙，殷氏尊凤凰。到了商代末期这两个氏族逐渐融合为统一的龙凤图腾。

我国古代人民将龙凤看作团结、统一的象征，随着历史演变，凤的形象也更加多姿多彩。

龙凤都不是现实生活中的东西，它是"人心营构之象"，是幻想的综合体，是夸张、增补、神化的艺术形象。龙凤在一起有高贵、吉祥和欢乐之意。

任务 6 凤的画法

凤乃百鸟之王，也是幻想的综合体。它象征美好、欢乐，故而有"鹤的洁白，凤的五彩，龙的浓烈"之说。画凤最应注意凤尾的飘动及其色彩。凤的形象大体似鹤。鹤身、鹤脚、锦鸡头、孔雀尾或寿带尾，尾部装饰很丰富。本部分仅举几张图以供参考。

图 7-16 鹤身

图 7-17 锦鸡头

图 7-18 夹线眼

图 7-19 鸳鸯翼

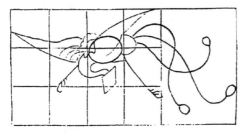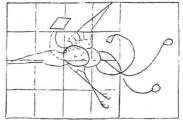

图 7 - 20　寿带尾

关于云：

变化多端的云层起着丰富龙凤图画的作用，它可调整画面空间，使之有聚散之气氛。绘画时应注意云在龙凤之间委曲环绕。

关于明珠、火焰：

明珠、火焰，传说是龙吐珠和龙在争斗时从口里喷出的火焰，也有传说龙是天火的化身，所以有火披身、披腋。绘画火焰有助于表现龙在腾飞时的熊烈之势。

任务 ❼　广彩龙凤概况

广彩是具有金碧辉煌、颜色富丽、图案结构多变特点的彩绘工艺，运用龙凤图案的产品甚多。传统花式有绿云龙、黄地龙、金火龙、钱边三龙、红绿龙、锦边颜色龙、龙凤斗方花卉、金地龙凤、九龙图等。例如，绿云龙是以黑线条绘画飞龙、走龙各一条，加上紧密的图案边，充分表明广彩"丹青作线，纵横交织针针见"的线条为主导的龙样。色泽方面，突出地以大绿为主色，连那些本来应是红红的烈火也染上大绿色，这是超现实的大胆设计。其特点是给人雅静、清凉、平顺之感。它既适合豪华富丽的馆堂所用，也是热带地区人们乐意选用的花式。广彩全红色的描金龙凤也曾大量生产，但后因生产原料不足和西欧地区销量不多而停产。目前仍保持生产的有黄地龙、金火龙、绿云龙等。广彩龙凤的运用非常广泛，出现各师各法、百家争鸣的好形势。高大的花瓶、五厘米的小玉佩、厚厚的大皮碗、纸一样薄的薄碗等都能绘上精美的龙飞凤舞的图纹。旅游精工品、高精美术瓷的销售中绘龙凤的产品也有很大的数量，相信今后会有更大的发展。

任务 ❽　运用龙凤图纹设计广彩新花式

由于广彩产品不断更新换代，设计新花式的任务也日趋繁重。花式日新月异，而运用龙凤题材设计的新花式也就更多了。龙凤图纹既可用在画面的主题上又可作开幅，编构大小斗方。将龙凤飞舞用于图案边或图案地之上，亦是一种构图手法。

龙凤可谓"富丽在色中"，因此颜色运用非常重要。绘画龙凤的线条图样再好，但颜色处理不好就会破坏图样和线条的效果，起不到共鸣的作用。陶瓷彩绘工艺本身是制作工艺品，往往靠绘图的装饰美来博取顾客喜爱，颜色就在其中起着无声变有声的作用，例如传统花式绿云龙。此外，云彩、火焰、碧波、顽石这类衬托图案也可用多种颜色处理。传统的凤凰、牡丹就因颜色与画面呼应而能够渲染热烈的气氛。

除了技术上的提炼外，还要加深对色泽的认识，提高使用色泽的技巧。

几千年来，我国艺术家、文学家、艺人、工人为我们积累了大量龙凤题材的资料。这些资料中的龙凤形象大多是人传佳话，共娱共乐，其材可取也。例如古代传说龙能兴云雨、利万物。古书记载龙、凤、龟、麟为四灵，而龙为长也。在源远流长的历史文化中，元宵夜"舞龙灯"、端午节"赛龙舟"等都为我们提供了很好的设计题材，古为今用，值得借鉴。

广彩中运用龙凤图案的花式很多，表现手法也各不相同，很新颖，希望广彩新一代艺人能把它们发扬光大。

封边斗彩

　　"斗"字在粤语中有拼合完整之意。以前的广彩中有不少是通花器皿，如通边碟、花篮果盘、葡萄花插等。彩成后，要在浮雕或通花上再加颜色和金线花纹，这样的描绘形式称为"斗彩"；在每件器皿的边缘涂上干大红或乳金，称为"封边"（如图 8 - 1、8 - 2）。这是彩绘的最后一道工序。

　　工人除了完成封边斗彩外，还要对产品进行全面检查，对颜色脱落的地方再补色、描线，确保完美后再送到炉房烘烧。

图 8 - 1　封边

图 8 - 2　封边

广彩的烧制

> ▶ **重点** ▶▶

了解窑烧的常用技术要求与流程。

> ▶ **难点** ▶▶

根据器物的体积、面积决定窑烧的温度控制。

▶▶ 任务 **1** 窑（炉）烧

中国历代瓷器的釉上彩装饰，有两种工艺形式，一为高温釉上彩，一为低温釉上彩。

高温釉上彩是指在上了釉的器物坯上，用彩料绘上各类纹饰，然后入窑经一次高温，一般1 200℃左右烧成。瓷器烧好后，用手摸器身，可触及凸起釉面上用的彩料。

而广彩属于低温釉上彩。广彩上彩通常分两次烧成。第一步，在已经高温烧制的坯胎瓷器上完成绘制和封边斗彩流程后，入窑经900℃左右烧制，取出后再在瓷器釉面上按需要绘制必要的色彩层次和局部纹样等，如上玻璃釉可以增加颜色的厚度等。第二步，将瓷器再经低温炉700℃～800℃烧成，烧成后的瓷器用手抚摩器身也能触及凸起于釉面之上的彩料，而且烧出来的颜色会更柔润、鲜艳、有光泽。

在广彩的烧制技术中，这道工序也叫"炉房"或"烘彩"，把封边后的彩坯入炉，炉烧木炭。以前，烤花烘炉的建造技术和彩瓷的烧制技术都是秘密，不轻易泄露。建烘炉的费用也很昂贵，一家作坊是难以建造炉房的。因此，为各个加彩作坊服务的专业化的炉房出现了。作坊把半成品送去烘烧，按尺寸和数量收费。当时的烘炉容积较大，炉的直径是五尺七寸六分，一次能烘烧二十多担瓷器。这是广彩生产的最后一道工序，也是很关键的一步，特别是炉火的温度掌控最为重要，炉温适当、均衡则产品色彩艳丽、明亮，否则会发乌不鲜，容易变色。炉温一般要控制在800℃左右。

任务 ② 烧制广彩的温度曲线 （升温与降温）

一、烧制工艺的改变

现代的广彩烧制技术随时代的变化已经越来越成熟。过去，由于条件的制约，所有的瓷器烧制工艺都经历了"烧柴、烧炭、烧气体"等阶段，而随着时代的进步和对烧制技术的高度要求，从近代至现代，使用电力炉具已经普及化（如图9-1、图9-2）。之所以全部烧制容器都改为电炉（窑），有以下几个原因：

图9-1　电力炉具

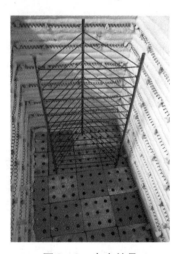

图9-2　电力炉具

（1）环保。

（2）能效高。

（3）稳定性好。

（4）避免传统烧制方式所产生的杂质，保证成品的完美。

（5）可控程度高（升温的速度、升温的过程、停止升温与降温的时机等）。

二、传统烧制广彩的流程

将器皿绘制好后放在阴凉处阴干8～12个小时（存储环境要避免有灰尘并保持干燥），然后检查绘制质量，如一切正常则有专人负责封边斗彩，之后由专业人员将作品小心放入炉具中特制的层架上，按照技术要求进行烧制操作。

常用的温度控制过程可参照以下参数：

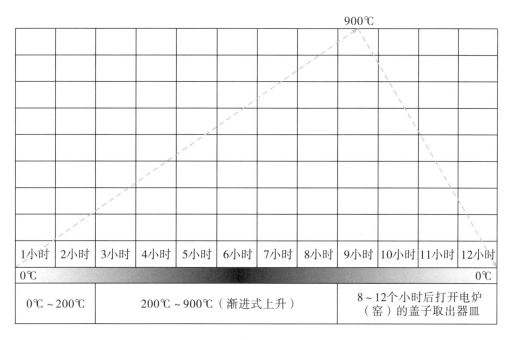

图 9-3　温度控制

三、常规器皿的第一次入炉（普通碟子、花瓶、壶具等）

（1）第一个小时，温度从 0℃ 上升至 200℃。

（2）第二个小时至第三个小时，温度从 200℃ 上升至 900℃（渐进式上升）。

（3）烧制全程控制在三个小时左右，用定时器控制切断电源，不要打开电炉（窑）的盖子，让已经烧制第一遍的器皿在电炉内自然降温，通常 8～12 个小时后打开电炉（窑）的盖子取出器皿。

四、常规器皿的第二次入炉（普通碟子、花瓶、壶具等）

（1）第一个小时，温度从 0℃ 上升至 200℃。

（2）第二个小时至第三个小时，温度从 200℃ 上升至 800℃（渐进式上升）。

（3）烧制全程控制在三个小时左右，用定时器控制切断电源，不要打开电炉（窑）的盖子，让器皿在电炉内自然降温，8～12 个小时后打开电炉（窑）的盖子取出成品。

（4）烧制完成。

广彩作品赏析 （配图）

任务 **1** 清代广彩作品赏析

图 10 – 1　清乾隆广彩人物纹竹节把方壶

　　赏析：竹节形的壶柄、壶口及壶身的边饰制作精巧别致，釉上彩以锦地开窗，工艺繁复。其中描绘的主要纹样"合家欢"题材，是清代外销瓷中的常见纹样，取"家和万事兴"之意。

图 10 – 2　清乾隆广彩人物纹方形盖壶　　　　图 10 – 3　清乾隆广彩人物纹方形盖壶

赏析：此器造型别致、独特。方形器的制作难度较高，釉上彩以锦地开窗，工艺繁复，清装人物题材向人们展示了该时期中国社会的人民生活缩影，是一件乾隆时期广彩瓷的小精品。

图 10 - 4　清乾隆广彩珍珠松绿地斗方人物纹壁瓶

赏析：珍珠松绿地纹是当时出口瓷器中的典型纹饰，多用于花瓶的模印白胎制作工艺。此器造型别致，设色典雅，清装人物题材欢快华丽，向人们展示了该时期中国上层社会的生活情况，为后人研究中西交流史留下了宝贵的资料。

图 10 - 5　清乾隆广彩纹章瓷双耳盖窝

赏析：纹章瓷是一种特别定制的外销瓷，多为标志着某个国家或城市、某个军团、某个家族或企业的徽章纹饰的瓷器，专供西方国家或军队授勋，以及贵族喜庆典礼之用。纹章瓷中带有两个族徽的，一般是作结婚周年纪念用。

图 10 - 6　清乾隆广彩人物纹镂空带托果篮（一套两件）

图 10 - 7　清乾隆广彩人物纹镂空带托果篮（一套两件）

　　赏析：此器是清乾隆时期出口瓷器中的精品。白胎采用镂空的工艺制成，造型别致，画工精细，画风清丽，桃红色的彩料是一种进口彩料，当时称为洋红，需用黄金作成色剂。清装人物题材向人们展示了该时期中国社会的人民生活情况。

图 10 − 8　广彩雕松鼠葡萄地开窗清装人物纹花插

赏析：此器是采用贴塑工艺做出松鼠和葡萄形状的完整白胎，再施釉上彩烧成，是当时出口瓷器中的一种典型纹饰。清装人物题材向人们展示了该时期中国上层社会的生活情况，为后人研究中西交流史留下了宝贵的资料。

图 10 - 9　清乾隆广彩合家欢图瓶（局部）

图 10 - 10　清乾隆广彩合家欢图瓶

　　赏析：此器的纹饰是由青花和釉上彩两种工艺组合制作而成，经三次入窑烧成。首先以青花绘制开窗图案及边饰，上釉烧制后，再以釉上彩绘制窗内的图案，入窑二次烧制，最后在瓶口及图案中需要金彩处，施金彩封边及点缀，最后入窑烧制完成。开窗中描绘的主要纹样是"合家欢"题材，是清代外销瓷中的常见纹样，取"家和万事兴"之意。

图 10-11　清乾隆广彩贴塑松鼠葡萄纹开光合家欢图盖瓶

赏析：此器是采用贴塑工艺做出松鼠和葡萄形状的完整白胎，再施釉上彩烧成，是当时出口瓷器中的一种典型纹饰。主画面中的"合家欢"题材，是清代外销瓷中常见的纹样，取"家和万事兴"之意。

图 10 – 12　清雍正广彩农家乐图八方盘

图 10 –13　清雍正广彩农家乐图八方盘（局部）

赏析：该器物造型别致，画工精细，是雍正时期外销瓷中的精品。主题纹饰"农家乐"属于世俗人物题材，一般为描绘民间世俗生活场景，画面常为"渔樵耕读"等内容，是当时社会现实生活的一种写照。

图 10 - 14　清乾隆广彩满大人吸烟图爵杯

赏析：爵杯是欧洲人常用的一种餐具。人物题材"满大人"一词出现于 17 世纪晚期，原是西方人对中国官员的称呼。清代外销瓷中的"满大人"纹饰在内销瓷中不多见。它向人们展示了该时期中国上层社会的生活情况，为后人研究中西交流史留下了宝贵的资料。

图 10 - 15 粤东纪趣双耳仿古天球形瓷瓶

赏析：作品画面重现了粤东地区过去的石井风情和重点景物，以广彩独特的开方形式——瓶颈斗方两幅、瓶身斗方四幅，各自描画"六榕塔""五层楼""广州十三行商馆""广州十八甫""惠爱街""商行店铺"等旧景物及广州的市井风情，力求通过作品表现具有广州特色的风情、景物、逸趣。作品的广彩工艺味浓厚，做工精致，从图案到画面都处处突出岭南特色，力图通过作品让人们对广州的历史增添认识。

任务 ❷ 现代广彩作品赏析

《贵妃赏花图》

作者：刘铭雄

作品器型：16寸四方瓶

作品构思：沿用广彩传统风格，以蓝色作为主调，精细描绘了贵妃仕女的形态样貌，内容生动，人物形象栩栩如生。

作品赏析：此作品要分两次烧制才能全部完成，且其中重要的点金技法需要在第二次烧制前完成，且作品的器型奇特，制作工艺难度较大，用时较长。其中人物造型着色对比十分上乘，是不可多得之作。此作品同时也获得了国家级和省级的专业奖项，且深得业内行家的赞赏。

图 10 - 16　贵妃赏花图

图 10 - 17　贵妃赏花图局部

《玉兰双憩》

作者：许恩福

作品器型：14 寸圆盘

作品赏析：作品表现了一对孔雀在玉兰树上休息嬉戏的情境，寓意富贵吉祥。主题创意独特，作者花了大量的时间在创新设计及色彩调配之中。其间又不断吸收其他艺术领域的表现风格，并且将此相互融合的结晶，在广彩风格基础上，开拓出一条前人未走过的新路。传统广彩重于色彩艳丽，图案严谨工整，不重于写实。作品《玉兰双憩》则有着质的提高，更富有积金彩瓷艺术的欣赏性。保留了广彩金碧辉煌的传统特色——花边四个斗方以"琴、棋、书、画"为主题，是图案丰富多样、结构精巧细密的图案边饰。作品吸收了国画、西画的表现技巧——应用工笔重彩的国画表现玉兰、牡丹、孔雀的形象结构和色彩洗染；西画则表现了景物的透视层次深远，以及前后虚实的变化、色彩的冷暖等。陶瓷色彩方面，运用中、西绘画的技法和对陶瓷颜色性能的熟练的掌握，以九种常用的广彩颜色，再加其他陶瓷颜色的调合，构造出绚丽多姿的色彩，使作品色彩更加丰富，更具表现力。

图 10-18　玉兰双憩

《红棉孔雀》

作者：许恩福

作品器型：14 寸圆盘

作品构思：红棉树，挺拔向上，又称英雄树；牡丹花，寓意富贵吉祥；蓝孔雀，寓意雍容华贵。作品以南方的红棉树、北方的牡丹花和艳丽的蓝孔雀为主题，整个画面呈现出一派喜庆、吉祥的气氛，寓意祖国南北欣欣向荣。

作品赏析：作品不但保留了广彩的传统特色——花边四个斗方以"琴棋书画"为主题，且图案丰富多样，结构精巧细密，主题画面还吸收了不少新的艺术元素——景物的前后虚实变化，透视层次深远。作者从事广彩传统艺术工作五十五年，其中又不断吸收其他艺术风格，并且将此相互融合，在广彩风格的基础上，走出一条新路。而色彩方面，作者运用其熟练的绘画技法和对陶瓷颜色性能的灵巧掌握，将九种常用的广彩颜色，再加上其他陶瓷颜色，调和变化出绚丽多姿的色彩，使作品色彩更加丰富，更富表现力。

图 10－19　红棉孔雀

《绘美酒静候君共尝圆盘》

作者：许珺茹

作品器型：16 英寸圆盘

作品赏析：作品在人物绘画中应用了西方绘画技法和艺用人体结构理论，衣饰又采用传统广彩绘画技法，令人物华丽并具独特气质和神态，给观者更多的思考和联想空间。作品入选 2012 年 9 月"走进新时代——当代广彩新作品展"；同年 12 月，获"中国·金艺奖"国际工艺美术创新设计大奖。

图 10－20　绘美酒静候君共尝圆盘

《龙凤呈祥》

作者：翟惠玲

作品器形：高 40 厘米高大执壶

作品赏析：作品取材于春秋时代的历史故事。相传秦穆公的女儿弄玉聪明美丽且善吹笙，爱上善吹箫的华山之主萧史，有情人终成佳偶。两人月下奏曲，笙箫和鸣，能使凤舞龙翔。最后萧史跨龙，弄玉乘凤双双翱翔而去，流传下一段"龙凤呈祥"的佳话。作品正是根据这一美丽传说而创作，突出人物的个性造型。人物描画精美，意境优美，设色华丽喜悦。作品选用有龙首浮雕造型的白瓷胎执壶，在原有的图案造型上加以精心绘制，让"龙凤呈祥"的主题更为突出。

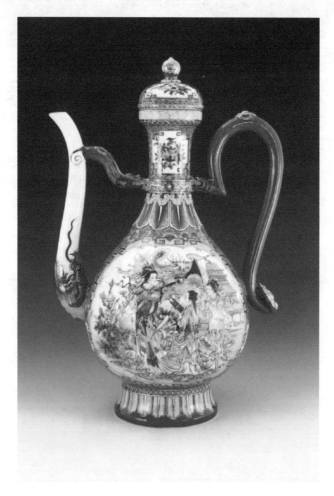

图 10 - 21　龙凤呈祥

《盛世同贺》

作者：周承杰

作品器型：高 72 厘米冬瓜瓶

作品赏析：此花瓶以孔雀、鸳鸯、鹿、猴、锦鸡、翠鸟、仙鹤、白兔等吉祥动物，配以牡丹、青松、紫藤、玫瑰、灵芝、水仙、芙蓉、桃花、玉兰、荷花、萱花等花卉而创作，赋予富贵吉祥、长寿、生活美满、锦上添花、加官晋爵、清廉等寓意，表达人民对这些美好愿望的追求，以及对我国盛世富强的祝贺和愿望。

作品构图严谨得当、做工精细繁杂、色彩丰富艳丽，从整体到细部都不失可赏性。全瓶将广彩传统图案与广彩创新技法结合，使花瓶整体更为和谐、悦目。

图 10 - 22　盛世同贺

参考文献

［1］曾应枫，李焕真. 织金彩瓷——广彩工艺［M］. 广州：广东教育出版社，2013.

［2］广东省博物馆. 广彩瓷器［M］. 北京：文物出版社，2001.

［3］曾波强. 广彩研究与鉴赏［M］. 广州：岭南美术出版社，2012.